FERMENTED FOODS

발효 음식의 과학

인류를 구한 미생물의 놀라운 역사

FERMENTED
FOODS

크리스틴 바움가르투버 지음

정혜윤 옮김

문학동네

차
례

서문

FERMENTED
FOODS

믿음직한 친구이자 무자비한 적

인간과 미생물이 맺어온 관계, 그리고 역사

미생물의 변화무쌍한 모습을 자세히 들여다보면 그 천의 얼굴에
실로 탄복하게 된다.

—아서 아이작 켄들, 『문명과 미생물』[1]

 2007년 봄 작은 봉투 하나가 집으로 배달됐다. 서부 개척 시
대 때 오리건으로 향하는 여행길에서 만들어진 천연발효종이
든 봉투였다. 막상 실물을 보니 그렇게 허접스러워 보일 수가 없
었다. 꼭 먼지 부스러기 같았다. 내가 뭘 잘못 주문했나 잠깐 돌
아볼 정도였다. 그래도 일단은 그걸 밀가루, 생수와 섞어 메이슨
유리병에 넣어두고 잠자리에 들었다. 그런데 아침에 일어나보니
온 조리대 위에 진득진득한 반죽 거품이 부글부글 흘러넘쳐 있
었다. 엉망이 된 조리대를 닦으면서 문득, 슈퍼마켓에서 파는 드
라이이스트의 생명력은 이 천연발효종에 비할 바가 아니구나 하

는 생각이 들었다.

천연발효종은 다루기가 제법 까다로운 녀석이었다. 너무 오랫동안 냉장고에 방치해두면 쌜쭉해져 말을 잘 듣지 않았다. 몇 달 동안 글루텐 섭취를 피한답시고 쌀가루와 타피오카로 빵을 만들 때는 더 그랬다. 겨울에 낮은 온도에 두어도 부루퉁하니 풀이 죽어 있었다. 그러다가 봄이 오면 활기를 되찾았다. 날이 점점 따듯해지면 내가 먹이로 준 유기농 호밀가루를 신나게 소화시켜서, 바삭바삭한 바게트와 푹신푹신한 치아바타와 묵직하고 시큼한 호밀빵으로 나의 정성어린 보살핌에 보답해주었다.

빵을 만드는 데 어느 정도 자신을 갖게 되자 다른 발효 식품에도 도전하고 싶은 마음이 들었다. 그리하여 샌더 엘릭스 카츠가 쓴 『천연 발효 식품Wild Fermentation』이라는 훌륭한 책에 의지하여 다양한 발효 식품을 만들기 시작했다. 케피르, 콤부차, 오이 피클, 비트 피클, 고추 피클만이 아니라, 멕시코에서 인기 있는 발효 음료 티비코스tibicos, 사과주, 레드 와인까지 수차례씩 만들었다.

저녁마다 그것들을 돌보면서 어수선한 세상에서 고요히 나만의 중심을 잡는 시간을 가졌다. 당시 금융시장은 끝 모르게 추락했고 다니던 직장도 언제까지 나갈 수 있을지 한 치 앞을 내다볼 수 없는 상황이었지만, 발효 식품을 돌보는 일만큼은 내가 어찌해볼 수 있는 일이었다. 각각의 발효 병은 그 자체로 하나의 세상이었고, 나는 건강과 취미생활 누리기라는 보상을 받을 것이었다. 조지 오웰은 차 마시기가 문명의 한 중심이라 생각했는데 내게는 차를 우려 콤부차 한 통을 만드는 일이 그랬다.

내가 발효 식품을 만든 동기는, 닭을 키우고 잼이나 절임을 만들고 '자급자족할 수 있는 마을' 같은 곳을 갖고 싶어하는 사람들과 아마 크게 다르지 않을 것이다. 나는 내가 보내는 순간순간보다 훨씬 더 긴 토막의 시간과 연결되기를 바랐다. 아주 오래전부터 서민들은 나라에 전쟁이 나건 말건 그해가 풍작이건 아니건 아랑곳없이 꾸준히 맥주와 치즈와 빵을 만들고 고기를 절여왔다. 그런 활동을 신비하게 여기거나 심지어 위험하게까지 인식한 것은 아주 최근에 와서다.

집에서 이런 발효 식품을 만드는 일은 시간 낭비라고 말하는 사람이 적지 않았다. 언젠가 식중독에 걸릴 거라는 경고도 심심찮게 받았다. 불신까지는 아닐지라도 이렇게 무시하는 말을 자꾸 들으니, 언제부터 발효 식품 만들기가 파이를 반죽부터 만들어서 굽는 일만큼 만족스러운 자급자족 방식으로 여겨지지 않은 건지 궁금해졌다. 내가 발효 음식을 공부하며 알게 된 사실은, 그 대답이 발효 음식의 역사에서 매우 중요하다는 점이다. 알고 보니 오늘날 우리가 발효 음식을 의혹의 눈초리로 바라보는 이유는 과학과 시장의 힘이 독특하게 결합해, 소비자들로 하여금 스스로 만들 수 있으며 실제로 만들어온 훨씬 풍미 좋은 진짜 음식 대신 공장에서 대량생산된 개성도 맛도 없는 식품을 선호하도록 부추겨온 탓이었다. 발효 식품은, 우리 눈에 보이지는 않지만 세상 구석구석에 퍼져 사는 또다른 생명체 영역과 우리 인간이 맺어온 관계를 그대로 보여준다. 그 관계의 역사는 세균과 곰팡이가 우리의 친구가 될 수도, 적이 될 수도 있음을 인류가 배워온 역사라고 할 수 있다. 집에서 만든 사워크라우트나 소시지가 위험하다고 느끼는 까닭은 이 보이지 않는 적이 얼마나 치명적일 수 있는지 우리가 알기 때문이다. 그리고 그것은 100여 년 전 여름 스코틀랜드에서 일어난 한 비극적인 사건에서 이미 입증된 바이기도 하다.

1922년 8월 스코틀랜드 서부의 하일랜드 지역에 위치한, 멋진 풍경과 탁월한 운영으로 정평이 난 호텔에서 투숙객 여덟 명이 사망하는 일이 발생했다. 애초에 그들 중 몸이 허약하거나 컨디션이 나빠 보인 사람은 아무도 없었다. 그들은 8월 14일에 호텔측에서 계획해둔 소풍을 떠났다. 아침에는 각자 흩어져 원하는 활동에 참여했다. 일부는 낚시를 하러, 일부는 등산을 하러 갔다. 그러다가 점심때 근처 마리호 호숫가에 모여 점심을 먹었다. 메뉴는 야생 오리 고기, 햄, 소 혀로 만든 파테 샌드위치에 잼, 버터, 삶은 계란, 스콘, 케이크를 곁들인 것이었다. 그 뒤에 야외에서 좀더 시간을 보내다가 저녁 시간에 맞추어 모두 호텔로 돌아왔다.

다음날 아침, 전날 소풍을 떠났던 투숙객 중 S가 구토 증세를 보이더니 바로 그날 저녁에 사망하고 말았다.

또다른 투숙객 W도 그와 마찬가지로 몸에 심각한 이상을 느꼈다. 아침에 눈을 떴을 때 이상하게 어지럽더니 일어나 걸으려는데 다리에 힘이 들어가지 않고 사물이 둘로 보였다. 그는 의사를 불렀다가, 번거롭게 해서 미안하다고 의사에게 사과하고는 이제 좀 나아졌다면서 아침식사를 하러 갔다. 하지만 다음날 아침 마비 증세가 찾아왔고 그날 저녁에 그 역시 사망했다.

희생자 중 가장 젊은 22세의 T도 사물이 둘로 보이는 복시 증세를 호소했다. 처음엔 증세가 미미했지만 16일 아침엔 아예 말을 못하는 상태가 됐고 바로 그날 오후에 사망했다.

D 역시 8월 15일 아침에 눈을 뜨자마자 어지럼증과 복시 증세가 나타났다. 하지만 그는 방에 누워 있는 대신 배를 타러 갔다. 뭍에서 6킬로미터 넘게 떨어진 지점에 이르렀을 때 그는 사공에게 물고기가 전부 두 마리로 보인다고 말했다. 다음날엔 상태가 더 좋아지지도 나빠지지도 않았지만 복시 증상은 사라졌다. 하지만 그다음날 다시 복시 증상이 생겼고 말까지 어눌해졌다. 이런 증상이 이틀 더 이어지다가 일요일인 8월 20일에 전신 마비가 찾아왔고 다음날 정오 무렵 그 역시 죽음의 대열에 동참했다.

나머지 네 투숙객도 어지러움, 복시 증상을 반복해서 겪다가 결국에는 마비 증세와 함께 죽음을 맞이했다. 의사들은 식중독이 의심된다는 소견을 밝혔다. 그러나 정확히 어떤 균이 관련됐는지 아는 사람은 아무도 없었다. 희생자에는 사공 두 사람도 포함되었으므로, 그들이 어느 시점엔가 호텔 투숙객 희생자들과 함께 식사한 것만은 틀림없었다. 몇몇 희생자들이 아직 죽음을 맞기 전 그 소풍과 야외 오찬 이야기를 했기에 오리고기 파테가 원흉일 거라는 데 의견이 모아졌다.

마침내 공식 조사가 시작됐다. 호텔의 모든 식품을 수거해 세균학적 조사에 들어갔고 요리사도 기꺼이 조사에 응했다. 조사 결과, 이 비극적인 사건이 일어나기 6주 전쯤인 6월 30일에 이 나라 굴지의 제조사에서 생산한 통조림 고기 두 상자가 호텔로 배달됐음이 확인됐다. 사실 그 제조사는 통조림 고기를 만드는 각 단계에 요구되는 수칙을 엄격히 준수했다. 고기를 대량으로 조리해 통조림에 소분해 담고 그걸 멸균장치에 넣어 멸균한 뒤 다시 작은 유리 용기에 담아 끓여 재차 멸균하는 과정을 거쳤다. 그동안 수백만 개의 통조림이 이런 절차로 생산됐고 마리호 호텔 사건이 일어나기 전까진 단 한 건의 식중독 사례도 보고된 바가 없었다. 요리사는 통조림 고기가 배달됐을 때 겉보기에 아무 이상 없이 깨끗한 상태였다고 증언했다. 통조림을 땄을 때 내용물이 부패한 듯 보이거나 이상한 냄새가 나지도 않았다고 했다.

하지만 분석을 제대로 진행하기엔 남은 파테의 양이 너무 적었다. 다행히 조사관들이 다른 증거물을 (말 그대로) 발굴했다. 정원 꽃밭에 묻혀 있던 샌드위치였다. 사공 하나가 그날 소풍 때 먹고 저녁에 마저 먹으려고 남겨뒀다가 그만 잊어버려 상한 음식을 그곳에 파묻어둔 것이다. 그는 그즈음에 빈번히 발생한 병의 원흉이 바로 오염됐을 가능성이 높은 이 오리고기 파테라는 소문을 들은 터라, 상한 샌드위치를 아무데나 버리면 자신의 닭들이 그걸 먹고 죽을지도 모른다고 생각해 땅에 파묻었고, 조사관들이 그 샌드위치를 발견했다. 조사관들은 그걸 조심스레 파내 전문 기관에 분석을 맡겼고 그 결과 샌드위치가 완전히 감염되어 있음이 드러났다.

땅에 파묻고 발굴한 과정은 말할 것도 없고 멸균하고 끓이는 과정을 수차례나 거치고도 살아남은 무시무시한 독소에 당국은 아연실색했다. 스코틀랜드 보건 당국은 8월 25일에 기자회견을 열고, 이 식중독 사망 사건이 아직 제대로 해명되지 않았음을 인정하는 한편 시민들에게는 부디 침착함을 유지해달라고 당부했다.[2] 조사관들은 오리고기 파테에서 유기체 하나를 분리해내 그 배양 조직을 쥐 두 마리에게 주사했다. 그 결과 두 마리 모두 죽었고, 같은 주사를 맞은 토끼 역시 살아남지 못했다. 이에 한 세균학자는 이들 토끼와 쥐한테서 보툴리누스 식중독과 비슷한 증세가 나타난 것에 주목했다.[3]

포자를 방출하는 막대 모양의 혐기성 박테리아 클로스트리듐 보툴리눔Clostridium botulinum은 말초 신경계를 공격하는 강력한 생물학적 독소를 내뿜는다. 독소는 세균이 포자를 방출할 때만 나온다. 그러나 포자는 놀라울 정도로 생존력이 강해서, 정원 흙부터 연어 아가미까지 모든 곳에 살며 극한의 추위와 뜨거운 공기, 방사선은 물론이고 어마어마하게 오랜 시간까지 견뎌내어 살아남는다.[4] 클로스트리듐 보툴리눔이라는 미생물을 맨 처음 찾아낸 사람은 벨기에 세균학자 에밀 반 에르멘젬이다. 그는 1895년 소시지 및 염장 고기 관련 식중독이 기승을 부리던 시기에 그 원인을 찾는 연구를 하다가 멸균 과정이 여간해서 통하지 않는 미생물 하나를 찾아냈는데, 이 미생물은 지금까지 살아

남아 우리에게 치명적인 식중독을 일으킨다.[5]

　마침내 보건 당국은 이 클로스트리듐 보툴리눔균이 마리호 식
중독의 단독범이라고 공식 발표했다. 공교롭게도 그때는 거의
모든 질병의 원인이 미생물로 지목되던 시기였다. 19세기 말에
서 1930년쯤까지의 '황금기'는 위생 관리 운동이 한창이던 때
라, 미생물의 효용과 위험에 대한 인식이 대중에게 널리 확산되
고 있었다. 당시 위생 관리 운동은 주로 결핵이나 장티푸스처럼
이른바 불결한 전염병이 퍼지는 원인을 사람들이 더 잘 이해하
게 되면서 점점 힘을 얻어, 미생물과 질병의 관계를 대중에게 인
식시키는 공중보건 캠페인을 열심히 이어가던 중이었다. 그전까
지는 실험실과 공장 관계자나 그런 인식을 가졌지, 일반인은 자
신들이 치즈나 맥주, 미심쩍은 파테를 먹고 나서 고통을 겪어도
그 뒤에 어떤 생물학적 과정이 벌어지는지는 잘 알지 못했다. 제
대로 손질해 만든 음식은 미감과 건강을 충족시켜주지만 그렇
지 않은 음식은 질병과 죽음을 가져오는 이유를, 관찰이나 민간
전승 지식으로 어렴풋하게는 이해하였을 것이다. 하지만 재료의
손질 방법은 공동체의 전승 문화로 너무도 단단히 뿌리내리고
있어서 아무도 별다른 설명이 필요하다고 느끼지 않았다.

　공중보건 운동은 미생물과 그 효과에 대한 지식을 다양한 토
착 관용구로 만들어 누구나 이해할 수 있게 했다.[6] 가정경제 서
적과 팸플릿에는 '세균학'이라는 새로운 과학 용어가 등장했고,
계층을 불문하고 모든 가정의 부엌에서 위생적으로 요리하는
법을 알려주면서 세균학에 기초한 방법을 따를 것을 강력히 권

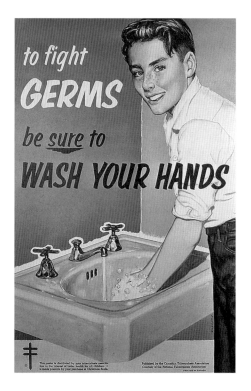

"세균을 없애려면 반드시 손을 씻으세요."
1959년 캐나다결핵협회에서 개인 청결 관리의 중요성을 홍보하기 위해 제작한 광고물.
19세기와 20세기 이뤄진 발전 덕에 인류는 인간의 질병에 미생물이 하는 역할을 훨씬 더
잘 이해하게 되었다. 하지만 안타깝게도, 그와 더불어 전통 발효법에 대한 신뢰마저 흔들리
게 되었다.

고했다.[7] 틀림없이 전부 훌륭한 방법들이었을 것이다. 하지만 이
운동은 선의의 독재란 무엇인지 전형적으로 보여주는 예이다.
그때까지 각 가정에서 해온 평범한 활동들이, 우리 눈에 보이지
않는 위험이라는 인상을 풍기게 된 것이다. '아무리 작은 독사도

독을 품고 있다'라는 속담이 이처럼 잘 들어맞는 경우도 없어 보였다.

수백 년간 집에서 만들어온 피클과 와인과 버터밀크가 아무런 탈도 없었다고 우기려는 게 아니다. 사람들은 이제 다 안다. 온 천지에 미생물이 득실거린다는 것을, 몰래 숨어서 청결이 조금이라도 간과된 틈만을 호시탐탐 노린다는 것을. 우리의 오감으로 인지할 순 없지만 분명 사방 천지에 존재하는 세균이 우리의 식품을 오염시킬 수 있다는 사실에 주부들은 불안에 빠졌고, 그런 그들을 두 팔 벌려 기다린 것은 식품 산업에 뛰어든 기업가들과 그들을 보조할 소매상들이었다. 기업가들은 그때까지 집에서 만들어 먹던 다양한 식품을 제조했고, 소매상들은 공장에서 만들어 위생적으로 포장한 그 식품들을 상점에 가득 쌓아두었다.

발효 식품을 만드는 과정에 한동안은 옛 방식이 새로운 방식과 공존했다. 최첨단 현대식 시설을 갖춘 양조장에서 생산한 맥주와 공장에서 만든 치즈가, 집에서 만든 오이 피클이며 빵과 나란히 매대에 놓여 있었다. 그러나 20세기에 접어들면서 철로를 통해 새로운 식품들이 시장에 들어왔고, 라디오를 통해 사람들의 관심을 끌었다. 대기업은 오직 이들 식품만이 신뢰할 수 있을 만큼 깨끗하고 건강에 좋다고 대중을 설득했다. 1875년 영국 의회에서 만든 식품의약 판매법과 1887년에 만든 마가린 법을 본떠 만들었고, 1906년에 미 의회에서 통과시킨 순수 식품의약 법안도 이런 인식을 널리 퍼뜨리는 데 한몫 거들었다. 자본이 충분한 기업만이 새로운 기준에 부합하는 시설에 투자하고 정부의 공식 인증을 받아, 소비자들이 안심하고 선택하도록 할 수 있었기 때문이다. 정부 인증을 받아내는 데 비용이 너무 많이 드는 탓에, 상대적으로 규모가 작은 제조업체는 점점 고객이 빠져나가 결국 파산하고 말았다.

대기업은 초기의 이런 성공을 바탕으로 이제는 오직 자신들만이 건강한 식품을 제공할 수 있다고까지 주장하고 나섰다. 도미노 설탕은 기계 공정을 통해 생산한 식품이 사람 손으로 만든 식품보다 더 깨끗하고 따라서 더 안전하다고 주장했다. 골드메달 밀가루는 자신들의 제품은 제분업자의 손이 닿지 않았다고, 켈로그는 자신들의 '밀랍 포장'이 오염을 방지해준다고 선전했다. 하인즈는 자기네 공장 특정 구역으로 사람들을 초대해, 흰옷을 입은 처녀들이 피클을 포장하는 모습을 구경시켰다.[8]

대기업은 그런 식의 쇼를 동원하여 홍보에 열을 올렸고, 그 과정에서 때로는 뻔뻔할 정도로 선정주의에 빠져들었다. 아메리칸 설탕 정제 회사는 무해하지만 얼핏 무시무시해 보이는 흑설탕 미생물의 확대 이미지를, 비정제 설탕 섭취의 위험을 입증하는 증거로 내세운 광고를 내보냈다. 이 선전은 대대적인 성공을 거두어, 당시 베스트셀러였던 『보스턴 요리학교 요리책』에서조차 흑설탕에는 '작은 벌레'가 들어 있을지도 모른다고 독자들에게 경고했을 정도다. [9]

아침식사용 시리얼과 비스킷 업계가 곧 그 방식을 따라했다. 기업들은 공장에서 포장된 시리얼만이 세균으로부터 자유롭다

20세기 초 켈로그사의 아침식사용 콘플레이크 시리얼 광고. 이 추가적인 '밀랍 포장'은 당시 미생물학의 발전에 영감을 받은 것이었다. 식품의 안전과 청결성은 식품을 각종 오염으로부터 얼마나 안전하게 지켜내느냐 하는 문제라는 인식이 대중에게 널리 퍼졌다. 그러나 산업 자본주의에서 힘을 얻은 여느 주장과 마찬가지로 안전과 청결성에 대한 그런 이야기는 사실이라기보다는 식품업계가 소비자들에게 열성적으로 구축한 관념에 가까웠다.

고 주장했다. 고기와 달걀로 이루어진 아침식사는 건강을 망가뜨릴 가능성이 농후하고 효모로 발효시킨 빵도 마찬가지였다. 단연코 가장 안전하고 건강한 아침식사는 공장에서 최고의 위생 기준에 따라 제조한 '구운 콘플레이크'였다. 비스킷 제조업체들은 동네 식품점의 크래커 제조통을 적으로 지목했다. 이 통이야말로 세균의 온상인 것이, 이들 식품점은 대량 구매한 재료를 청결이 의심되는 통에 쏟아부은 다음 마찬가지로 수상쩍은 손으로 주물럭거려 크래커를 만들어낸다는 이야기였다. 대신 나비스코사는 누구의 손도 안 닿은 것처럼 보이도록 깔끔하게 낱개 포장된 크래커를 선보였다.[10]

이 대량생산된 먹거리에 긍정적인 요소는 청결성과 관련된 것뿐이었다(대형 식품 공장들은 호기심 많은 견학자들에게 자기네 생산 시설의 이상적인 부분을 복제해놓은 곳만 보여주고 그보다 청결하지 않은 진짜 생산 시설은 은근슬쩍 감추는 곳이 많았다). 그 점만 빼놓고 본다면 이들 먹거리에서는 전통 식품의 독특한 풍미 대신 밍밍하고 획일적인 맛밖에 나지 않았다. 러시아의 차르 니콜라이 2세는 최근에 미국에 다녀온 자신의 신민이자 오페라 가수에게 다음과 같이 말했다. "미국 음식은 끔찍하다 들었다. 모든 음식이 대량으로 만들어지고 특징적인 맛이나 향미라고는 없다고들 하던데."[11]

이런 평가를 받기는 유럽과 영국의 대량생산 식품 역시 마찬가지였다. 맨체스터나 애버딘 같은 산업도시에서 시간에 쫓기는 노동자들은 더는 물냉이, 생선, 전통 식품을 먹지 않고 이제 통조림 소고기와 버즈 커스터드 분말로 만든 크림을 먹었다. 여유 시간이 없는 그들에겐 가공식품이 훨씬 먹기 편했기 때문이다.[12] 그런데 알고 보니 이들 노동자들은 이렇게 자신들이 절약한 시간을 나중에 고스란히 잃어버리고 있었다. 전보다 훨씬 더 많은 사람들이 기대 수명이 줄고 괴혈병, 충치 또는 다른 퇴행성 질병의 희생양이 된 것이다.

스위스에서는 식품 산업의 선구자 율리우스 마기가 자신이 완벽하게 만든 고형 육수를 쓰라고 주부들을 설득했다. 비록 맛이나 영양 면에서 집에서 만든 육수에는 비할 바 못 됐지만 다수가 직장에 다니는 현대 여성들에게 고형 육수는 호응을 이끌어냈다. 이 고형 육수가 얼마나 성공을 거두었는가 하면, 마기가 1897년에 독일에서 자신의 이름을 딴 회사를 세울 정도였다. 이론의 여지 없이 편리함이 맛을 이긴 것이다. 공장의 가차없고 획일적인 리듬이 각 가정의 우선순위를 재배치했다. 요리에 쓰는 시간은 유급 노동으로 인정되지 않는 시간이라는 식으로 말이다. 또한 산업화는 식품을 더 값싸게 만들어 낙관론의 근거가 되어주었다. 1890년대에 요리사 출신의 실업가 오귀스트 코르테는 이탈리아의 움베르토 1세에게 이렇게 말했다. "이 대단한 공장들은 날마다 신선한 재료로 조리한 맛있는 음식을 말도 안 되게 저렴한 가격에 공급할 것입니다. 이 시스템으로 이제 새로운 세기가 열리는 겁니다!"[13]

새로운 세기가 열린 것은 사실이었다. 긍정적으로든 부정적으로든, 위생 관리 운동 덕분에 식품의 생산과 보존이 일종의 분수령을 맞이했으니 말이다. 이 운동은 평범한 시민들에게 무서운 질병을 피해갈 수 있는 단순한 방법을 가르쳤다. 그리하여 이제 사람들은 전보다 더 건강해지고 질병에도 덜 시달렸지만, 가정의 식문화라는 영역에서 정부와 대기업에 상당한 자율성도 내어주게 됐다. 위생 관리 운동 담론이 절대적이고 획일적인 예

20세기 초 네덜란드에서 제작된 마기의 고형 육수 광고물.
'…진짜 브랜드!'라는 표어가 적혀 있다. 다른 대량생산 식품과 마찬가지로 마기의 고형 육수 역시 주부들의 고된 식사 준비 시간을 덜어주었지만 그런 편리함은 맛과 영양의 희생이라는 대가를 치르고 얻은 것이다.

측과 처방을 내놓으면서, 그간 인류가 미생물과 관계를 맺으며 전승해온 지혜나 색다른 방식이 자리할 여지를 현저하게 없애버렸다.

전승 지혜의 대략적이고 문화특수적인 방법을 따르는 데는 일종의 창의성이 요구됐기에, 이 방법들은 결국 공포에 입각한 엄격한 규칙으로 대체되었다(오늘날 감기 걸리지 않는 법에 대한 지식이 발효 빵이나 당근 피클을 만드는 법에 대한 지식보다 널리 퍼진 것도 이런 이유에서다). 마리호 사건에서 볼 수 있듯이 이런 공포는 사실 아무 근거 없는 감정이 아니다. 세균이건 효모건 곰팡이건 두 얼굴을 가진 이런 작은 생물들은 질병을 가져다줄 수도, 건강을 가져다줄 수도 있었다. 프랑스 사회학자 브뤼노 라투르는 저서 『프랑스의 저온살균』에서 "사회는 인간만으로 이루어진 것이 아니다. 도처에서 미생물이 개입하고 활동하기 때문이다"라고 썼다.[14] 그런데 과연 누가 이 불가사의한 행위자의 목적을 알아낼 수 있을까?

근대 이전에는 아무도 알아낼 수 없었다. 미생물의 양면성을 이해하려면 생물학에 대한 기초 지식이 수반돼야 하는데, 미생물은 바늘귀만한 공간에 백만 마리쯤(또는 그 이상!) 들어갈 정도의 크기라 육안으로는 보이지 않기 때문이다.[15] 그 탄생은 아득한 태곳적으로 거슬러올라간다. 미생물은 인간의 손길이 닿기 전까지 영겁의 시간을 거쳐 존재해왔고, 이 지구상에서 인간이 사라진 뒤에도 영겁의 시간 동안 살아남을 가능성이 높다. 미생물은 40억 년 전쯤에 생겨났다. 당시 지구는 우리가 안식처라고 부르는 우호적이고 대체로 따뜻한 세계가 전혀 아니었다. 혜성과 유성과 태양 복사열의 무차별 공격에 바람 잘 날 없는 행성이었다. 거기에다가, 지금보다 15배나 더 가까이에서 공전하는 달의 인력에 파도가 미칠 듯이 요동쳤고, 거세게 소용돌이치는 바다

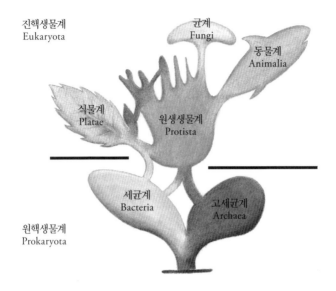

균계
Fungi

동물계
Animalia

식물계
Platae

원생생물계
Protista

세균계
Bacteria

고세균계
Archaea

원핵생물계
Prokaryota

생명체가 낮은 단계에서 높은 단계로 진화한 모습을 설명한 분류도. 지금처럼 다양한 생물의 왕국이 만들어진 것은 먼 옛날 세균과 고세균이 원시적 공생을 한 덕분이다. 그 사건은 고등생물의 탄생을 가능하게 했을 뿐 아니라 지구가 수많은 고등생물이 살아가기에 적합한 공간이 되게 기여했다.

밑에서는 지구의 핵에서 만들어진 엄청난 열기가 열수분출공을 통해 방출됐다. 이 분출공 주위에는, 생명체에 필수적인 물질이 풍부한 진흙이 쌓였다. 영국의 선구적인 과학소설가 H. G. 웰스의 표현에 따르면, 그 물질은 "이 광대한 공허 속에서 막 타오를 채비를 마친 작은 불빛"이었다.[16]

약 20억 년 전 뜨거웠던 지구가 빙하기로 접어든 동안에도, 아직 생명체가 불길처럼 타오르는 수준은 아니어도 원시세포 형태의 생명체는 꾸준히 증식하고 다양화되어 세균과 고세균, 이

두 가지 뚜렷한 형태의 단세포생물로 진화되었다. 세균은 세포 벽만 갖췄을 뿐 다른 소기관이나 세포핵 조직은 아직 없는 생명 체였고, 고세균은 크기나 조직의 단순성 면에서는 세균과 다름 없었지만 유전체와 대사 경로는 세균보다 훨씬 복잡한 생명체와 더 비슷했다. 세균과 고세균 모두 태양 에너지를 이용해 생존했 지만 고세균이 불리한 환경에서 더 잘 살아남았다. 이런 차이에 도 불구하고 두 원핵생물끼리는 서로 밀접하게 연관되었다. 과학 자 다수의 지지를 받는 공생발생 이론에 따르면, 어느 시점에 고 세균이 세균을 파괴하지 않고 제 안에 받아들인 결과 진핵생물 이 탄생했다고 한다. 진핵생물이란 DNA를 염색체의 형태로 포 함한, 핵이라는 명확히 분리된 소기관이 있는 세포 및 유기체를 말한다[17](우리 인간도 진핵생물이다). 이 새로운 공생 형태 덕분에, 세균이 만들어낸 추가 에너지를 얻은 유기체는 크기가 더 커지 고, 유전자를 더 많이 축적하고, 더 복잡해질 수 있었다.[18] 그중 에는 부산물로 산소를 만드는 변종도 생겨났는데, 덕분에 마침 내 본격적으로 생명체의 다양화가 진행될 수 있었다.

오늘날 미생물은 어디에나 존재하며 모든 생물학적 과정에서 일정한 역할을 한다. 미생물은 전 지구의 생태계를 유지하고, 그 안에서 살아가는 유기체들의 건강에 기여하며,[19] 죽은 유기물을 분해해 살아 있는 유기체를 돕는다. 그러나 특정 환경에서는 질 병과 기근과 죽음을 가져오기도 한다.

이렇게 인간이 초기 생명체와 궁극적으로 관계를 맺은 시발점 은 약 20억 년 전이라는 어마어마하게 오랜 과거로 거슬러올라간다. 우리 몸 안에는 대략 39조 마리의 미생물이 살고 있지만, 이것들의 역할과 임무에 대해 우리가 아는 것은 빙산의 일각에 불과하다.[20] 그럼에도 우리는 이들 미생물 중 다수가 면역체계를 증진시키고 혈당을 조절하고 소화를 돕는 등 우리의 건강과 안녕에 기여한다는 사실을 안다. 실제로도 미생물을 소나 양처럼 잘 길들여 먹거리를 늘리고 더 영양 많고 맛있는 식품을 만들어서 노동자, 군인, 게으른 부자를 막론하고 누구나 먹을 수 있게 해왔다.

그런데 이런 미생물이 우리 주변에서 살아가는 목적은 무엇일까? 이 불안한 질문의 해답을 우리는 아직 찾아내지 못했다. 우리 눈에 보이지 않는 이 생명체를 증식시키는 동인이 여전히 베일에 싸여 있는 탓이다. 1891년에 퍼시 F. 프랭클랜드 교수는 이렇게 말했다. "우리 주변에 우글거리는 미생물에는 좋은 쪽으로건 나쁜 쪽으로건 엄청난 잠재력이 있다. 때로는 주어진 일을 군말 없이 해내는 충직한 하인이자 친구처럼 보이지만 어느새 화해하기 어려운 적으로 돌변해 우리의 역량과 재주를 파괴해버린다."[21] 지금껏 우리는 건강과 행복을 가져다주는 미생물을 키우는 일 못지않게, 질병과 죽음을 불러오고 우리 노동의 결실을 망쳐놓는 미생물과 싸우는 데도 많은 노력을 쏟아왔다. 하지만 미생물이 멋대로 우리를 점령하지 못하도록 길들이기란 여전히 어렵다.

다행히 우리는 끊임없는 노력으로 영국 소설가 토머스 하디가 쓴 것처럼 "억세게 운 좋은 역사"를 만들어냈고, 그 결과 예기

1930년대 일리노이주 시카고에 위치한 디어본 화학 회사의 세균학적 분석 실험실. 20세기 초중반 과학은 미생물을 경계했는데, 이러한 견해는 전통 발효 방식에 해를 끼쳤다. 그러나 최근에 건강, 수명, 복지 면에서 미생물의 역할이 다시 주목받고 있다.

치 못했던 맛난 것들도 적지 않게 식탁에 올리게 됐다.[22] 하지만 그런 맛난 음식을 먹으려면 일단 같이 마실 음료부터 골라야 한다. 이러나저러나 인간이 일찌감치 찾아낸 발효 식품 중 하나가 술이라는 사실에 놀라는 사람은 별로 없을 테니.

1.

웃음과 광란

와인과 맥주, 양조주의 탄생

FERMENTED
FOODS

Fermented Foods

황야의 나무 그늘 밑이라도

시집과 와인과 빵이 있고

그대 또한 내 곁에서 노래하고 있으니

아, 이곳이 바로 천국이어라!

—오마르 하이얌, 『루바이야트』[1]

인류가 어떻게 술을 발견했는지는 아직도 밝혀지지 않았지만 틀림없이 우연이었으리라.

최초의 술은 당연히 과실주였을 것이다. 과실주를 만드는 데는 별다른 인위적 노력이 필요치 않으니까. 바닥에 쏟은 달큰한 과일주스나 과수원에는 셀 수 없이 많은 효모 세포를 묻힌 말벌이 몰려든다. 녀석들이 과일을 먹거나 배설할 때마다 당분에 효모를 투여하는 셈이 되고, 그러면 머지않아 효모 세포의 효소가 당분을 에틸알코올로 바꿔놓는다.

당분을 알코올로 바꾸는 능력은 효모가 약 1억 년 전에 획득한 것이다. 널리 인정받는 한 가설에 따르면, 나무의 수액에 머물러 있던 효모 세포가 어느 순간 짝짓기를 시작하여 '전체 게놈 복제'라고 하는 유전 폭발이 일어났고, 그 폭발이 끝났을 때 효모는 포도당을 알코올로 바꾸는 기능을 갖췄다고 한다[2](이 유전자 복제라는 과정은 진화에서 매우 중요한데, 그 과정에서 복제 유전자가 새로운 기능을 갖게 되기 때문이다[3]). 어쩌다 한 번씩 자연에서 발생하는 이런 고마운 사건 중에는 백악기에 살았던, 속씨식물의 조상에게 일어난 똑같은 게놈 복제 사건도 있었다. 덕분에 효모가 좋아하는 달콤한 과육을 가진 열매가 생겨나도록 진화했고, 그로부터 약 6300만 년 뒤에는 먹이와 그걸 먹는 생물이 만나 이 알코올이라는 부산물을 만들어내 우리 인간에게 위안과 영감의 원천을 선물했으니 말이다. 아마 처음에는 어느 대담한 인간이 발효된 과육을 한번 먹어보고는 기분이 좋아지는 일을 경험하자 그 모든 것이 시작됐을 터다.

나중에 또 누군가는 우유와 물에 꿀을 섞어 놓아두었더니 발효 작용이 일어나 술이 되는 일을 겪었다. 그 뒤로 긴 시간 동안 이런저런 시행착오를 거치면서 인류는 어느 정도 안정적으로 그런 음료를 만드는 방법을 터득했다. 그러다가 포도가 특히 발효에 적합한 과일임을 발견해 지금의 와인이 탄생하기에 이르렀다. 만들기 좀더 까다로운 음료인 맥주가 탄생하는 데는 시간이 제법 걸렸다. 과일이나 우유, 꿀물과는 달리, 곡물은 단단한 겉껍질로 싸인데다 효모가 쉽게 활용할 수 없는 전분과 당분을 함유한 탓이다.

그러나 결국 인간은 창의력을 발휘하여 그 장애물을 뛰어넘었다. 열쇠는 곡물의 전분과 당분을 불용성 물질에서 가용성 물질로 바꾸는 데 있었다. 그러려면 효소가 필요했다. 예컨대 우리 혀에서 분비되는 타액에는 전분을 분해하는 아밀레이스 중 하나인 프티알린이라는 효소가 들어 있어서 우리가 음식을 씹을 때 그 효소가 곡물을 분해한다. 지금도 남아메리카에서는 사람이 직접 씹었다가 뱉은 옥수수로 치차chicha라는 전통 맥주를 만든다. 그보다는 효과가 약간 떨어지지만 같은 작용을 하는 효소로 다이아스테이스가 있는데 이 효소는 곡류를 발아시키는 '제맥아malting' 과정에서 나온다. 발아시킨 곡물은 따뜻한 물에 담가 죽 같은 형태로 만드는 제맥아즙 또는 담금mashing 과정을 거친다. 일정 시간이 지나면 거기서 당분과 효소가 풍부한 액체가 만들어지는데 그러면 술로 발효시킬 준비가 다 된 것이다.

아프리카에서는 지금도 이렇게 담금 과정을 통해 맥주를 만든다. 이들이 만드는 맥주는 거품 많은 액체부터 죽처럼 걸쭉한 것까지 매우 다양하다. 하지만 농도가 어떻든 그 안에는 산과 알코올이 들어 있다. 모두 양조 과정에서 들어간 효모와 젖산균의 부산물이다. 예컨대 나이지리아의 비니족이 만드는 피토pito는 옥수수와 수수를 바나나 잎을 깐 바구니에서 싹을 틔워 만든다. 일단 곡물에 싹이 트면 그걸 갈아서 삶고 나서 식힌 다음 체에 밭쳐 하룻밤 놓아두면서 발효시킨다. 발효가 되면 그걸 한

동지를 기념해 만든 치차. 남아메리카에서는 이 술을 만들 때 입에 넣고 씹은 옥수수를 사용한다. 타액에 든 아밀레이스 효소 프티알린을 발효제로 첨가하기 위해서다.

번 더 끓여서 좀더 걸쭉한 액체로 만들고, 거기에 전에 만들어둔 술의 일부를 발효종으로 집어넣어 다시 발효시킨다. 그리고 이 과정을 한 번 더 반복한다. 이렇게 세 차례의 발효 과정을 거쳐 만든 피토라는 맥주는 짙은 갈색을 띠고 달콤 쌉싸름한 맛이 나는데, 알코올 함유량이 3퍼센트 정도 된다.[4]

아프리카 어디를 가도 자기네만의 전통 발효주를 자랑하지 않는 부족이 없다. 맥주는 의례를 돕고 풍습을 재확인할 뿐 아니라, 사람들을 기분좋게 만들고 긴장을 풀어주고 영양을 공급하여 행사 분위기를 북돋움으로써 공동체 생활의 버팀목 역할을 한다. 아프리카에서 생산되는 곡물 가운데 8분의 1에서 3분의 1이 맥주로 소비된다는 사실만 봐도 이런 사실은 금방 확인

된다.[5]

여러 연구에 따르면, 맥주는 빵을 더 쉽게 만들기 위해 이리저리 시도하는 과정에서 탄생한 식품이라고는 하나, 금세 어떤 먹거리보다 더 중요한 자리를 차지하게 됐다. 최근에는 맥주가 빵보다 먼저 탄생했을지도 모른다는 연구 결과까지 나왔다. 2018년에 코펜하겐대학 연구팀이 요르단 북동쪽에서 여러 개의 화덕을 발굴했는데, 1만 4200년에서 1만 4400년 전의 것으로 추정되는 이들 화덕에서, 역사적으로 입증된 곡물 재배 시기보다 무려 4000년이나 앞선 시기의 빵 부스러기가 나왔다. 화덕 주인들은 그 곡물을 채집으로 얻었을 텐데, 곡물 채집은 상당히 힘든 일이었으니 단순히 먹으려고 곡물로 빵을 만들지는 않았을 것이다. 그러므로 이 부스러기는 물과 섞어 알코올로 발효시키려고 구운 빵에서 나왔으리라고 이 덴마크 연구팀은 결론지었다.[6] 이런 발견으로, 농경시대 이전 사람들이 야생 곡물을 채집하는 자신들의 노고에 대해 단순히 영양분을 섭취하는 것 이상의 더 짜릿한 보상을 원했다는 사실까지 짐작하게 된다(최근에는 이스라엘의 하이파라는 곳에서 약 1만 3000년 전 양조장이 출토된 바 있다[7]).

맥주를 만드는 법과 맥주가 우리를 더없이 기분 좋게 만든다는 이야기는 유목민을 따라 메소포타미아 문명이 싹튼 도시들에게까지 전파됐다. 이집트인, 수메르인, 바빌로니아인 모두 싹을 틔운 보리와 밀로 빵을 만들고 거기에 물을 넣어 으깬 다음 질 그릇에 넣어 발효시켰다. 이들 모두 으깬 곡물의 일부를 따로 남겨두었다가 다음 빵을 만들 때 사용했다. 이런 과정이 오랫동안 반복되면서 인간과 사카로미세스 세레비시에Saccharomyces cerevisiae 라 불리는 효모와의 관계가 공고해졌고 그 결과 거기에 온갖 관습과 규칙이 덧붙었다.

고대 메소포타미아 예술작품을 보면 당시에도 맥주를 마시는 행위가 지금처럼 일종의 사회적 활동이었음을 알 수 있다. 당시 인장을 보면 사람들이 공동 용기에 꽂힌 빨대를 입에 문 모습이 그려져 있는데,[8] 이렇게 빨대를 사용했다는 것은 맥주를 거르지 않아 침전물이 많았다는 뜻으로 볼 수 있다. 엠머밀, 보리, 스펠트밀 등의 곡물을 발효시키면 짙고 탁한 색의 술이 만들어졌다. 스펠트밀만 쓰면 최상급 맥주가 만들어졌고 보리만 쓰면 최하급 맥주가 만들어졌다.[9] 무슨 곡물을 원료로 쓰건, 단일 곡물로 만들건 여러 종류를 섞어서 만들건 상관없이, 거기에 다양한 향신료를 첨가하는 경우가 많았다. 향긋한 맥주에 물을 희석하여 마시는 사람도 있었고 원액 그대로 마시는 사람도 있었다. 톡 쏘는 시큼한 맛, 잔잔하고 상쾌한 맛, 와인과 꿀을 섞은 맛, 아무것도 섞지 않은 원액 그대로의 맛 등 고대 사람들도 다양한 맛을 즐길 줄 알았다.

술이 인간에게 미치는 놀라운 힘은 자연스레 권력자의 관심을 끌었다. 다양한 신들이 맥주 만드는 일을 관장했다. 닌카시 Ninkasi는 수메르인의 양조를 관장하기에 '입을 채우는 여인'이라는 별칭을 얻었다. 닌카시는 사부Sabu('주모의 산'이라고도 불린다)라는 상상의 산에 살면서 아홉 자녀를 낳았는데 제각각 특정 종류의 술과 그 술 특유의 취기를 본떠 이름을 붙였다. 이를 테면 '허풍쟁이' '주정꾼' 같은 식으로. 더 볼 것도 없이 술의 여신 닌카시는 엄청난 숭배의 대상이 됐다. 기원전 1800년경에 만든 찬가에는 이런 구절이 나온다. "당신은 큰 삽으로 반죽하는 분이십니다. 당신은 삶은 맥아를 큰 삿자리에 펴는 분이십니다." 그다음 시구에서는 맥주 제조 과정에 대해 더 자세한 정보가 이어지다가, 마지막에는 여신의 넘치도록 넉넉한 마음을 칭송하는 말로 끝맺는다. "닌카시여, 당신은 술통 안의 여과된 맥주가 티그리스강, 유프라테스강의 물살처럼 콸콸 쏟아지게 하는 분이십니다."[10]

닌카시는 맥주 공정에 관여했지만 당시 다른 신들은 그저 그 결과물을 즐기는 데 만족했다. 실제로 맥주로 이들 신의 호의를 사거나 적어도 분노를 누그러뜨리는 일이 가능했다. 카르나크 신전에 있는 이집트 여신 무트Mut의 문에는 다음과 같은 글이 새겨져 있다. "최근에 이 계곡에서 열린 축제에서는 여신에게 누비아의 황토를 탄 붉은 맥주를 바쳤다. 보통 맥주와 차별화한 이 맥주로 여신의 분노를 잠재우기 위함이었다."[11] 여신 하토르Hathor도 맥주를, 그것도 아주 많은 양을 요구했고, 베스Bes도 마찬가지였다. 베스는 긴 혀를 내민 난쟁이 형상의 신으로 임산부를 돌보았다. 풍뎅이 모양의 작은 조각품인 스카라브 중에는 이 신이 큰 통을 들고 무언가를 벌컥벌컥 마시는 모습을 조각해 놓은 것이 제법 있다. 고대 근동 지역에서는 신을 대리하는 세속인도 신도에게 맥주를 요구했다. 바빌로니아 사제는 일부 의례를

맥주의 분배 기록을 새긴 수메르 쐐기문자판. 맥주는 아주 오래전 고대 때부터 만들어졌고, 어쩌면 빵보다 먼저 출현했는지도 모른다.

집전하는 대가로 상당한 양의 맥주를 받았다. 또 고대 이집트에는 자체적으로 양조장을 갖춘 사원도 많았다.

　고대 근동 사회에서 맥주가 상당한 인기를 누린 것은 분명한 사실이지만 지배층은 와인을 더 선호했다. 이 지역에서 와인을 만들었다는 최초의 증거는 지금의 이란 국토에 속한 자그로스산맥 두 곳에서 발견됐다.[12] 9.5리터 정도 용량의 질항아리 6개에 누리끼리한 앙금 형태로 그 흔적이 남아 있었다. 내용물을 확인해보니 포도즙과 송진이었다. 고고학자들은 이것이, 약 8000년 전 흑해와 카스피해 사이에 살았던 사람들이 그리스의 레치나(그리스에서 만드는 화이트와인. 숙성 통을 송진으로 밀봉하기 때문에 술에 송진 향이 배어 있다.─옮긴이)와 맛이 흡사한 와인을

이집트 신 베스의 모습을 형상화한 부조. 베스는 하토르 등 다른 신들과 마찬가지로 맥주를 무척 좋아해서, 출산이 임박한 여자들을 보호해주는 대가로 숭배자들에게 맥주를 공물로 바칠 것을 요구했다.

마신 증거라고 여겼다.

맥주와 마찬가지로 와인 역시 그 제조법이 널리 전파됐다. 나일강 유역과 고대 근동 지방 전역의 왕들이, 포도를 키우고 잘 익은 포도를 따서 착즙하는 시스템을 지원했다.[13] 또한 맥주와 마찬가지로 와인도 신과 관련을 맺었다. 수메르의 『길가메시 서사시』에도 기적을 불러일으키는 포도밭이 등장하는데, 생명의 나무를 표상하는 이 포도나무에 불멸을 선사하는 즙을 머금은 포도가 열린다. 이 나무를 관장하는 신은 선술집을 수호하는 시두리Siduri라는 신이다. 나중에 바빌로니아인은 와인의 신성함에 감사하는 마음을 표현했다. 그들은 종교 의례를 행하던 피라미드 모양의 계단식 성탑인 지구라트 경사면에 포도나무 등의 유실수를 심었다.[14]

신성은 와인을 사후 세계로 이동하는 데 도움이 되는 음료로 지정했다. 왕조시대 이전, 상이집트의 왕 스콜피온 1세는 기원전 3150년에 죽었는데 그의 무덤에서 포도씨와 상수리나무 수지 성분이 앙금으로 남아 있는 항아리가 무더기로 발굴됐다. 남은 앙금의 성분으로 볼 때 이 항아리에 와인을 보관했음을 알 수 있다. 무화과 잔여물이 발견된 것도 있었다. 아마 와인의 맛을 더 좋게 하거나 효모의 활동을 강화하려는 목적으로 넣었을 것이다. 레몬밤, 고수, 박하, 샐비어 같은 약초 잔여물이 같이 발견된 것도 있었다. 무덤은 세 개의 방으로 나뉘는데 세 방의 항아리를 전부 합치면 700여 개가 있었고 와인 양으로 따지면 총 4000리터가 넘었다.[15] 와인은 장례식을 치를 때 반드시 필요한 준비물이었다. 이집트 부자들은 죽음이 임박했다고 느끼면 와인으로 몸을 씻었다. 기원전 5000년 무렵에는 나일강 삼각주에서 가장 유명한 포도 재배지 다섯 군데에서 생산된 와인을 부장품으로 묻는 것이 상류층의 관습이었다. 하지만 피라미드를 만드는 등 사회에 필요한 모든 노동을 담당한 노예들은 이승에 작별을 고하는 순간에도 맥주로 만족해야 했다.

그리스인들 역시 와인에 엄청난 문화적 중요성을 부여했다. 『일리아드』에서 호메로스 혹은 나중에 그 이름으로 불리게 된 익명의 음유시인들은 와인을 시민의 음료라고 표현한다. 그 유명한 아킬레우스의 방패 묘사에도 수확기에 접어든 포도 과수원이 등장한다.[16] 그리스인은 와인이 순수하고 매력적이고 남자답다고 생각했다. 그래서 부자든 빈자든 누구나 와인을 좋아했다.

반면 맥주는 타락하고 차가운데다 여성적이기까지 하다며 낮잡아보았다. 의사 디오스코리데스는 맥주가 상피병을 일으킨다고,[17] 철학자 아리스토텔레스는 맥주가 마비 증세를 일으킨다고 주장했다.[18] 당시에는 맥주는 부패의 결과로 만들어지므로 그걸 마시는 사람 역시 썩는다고 믿는 사람이 많았다. 따라서 맥주를 마신다는 것 자체가 그 사람을 '타자'로 구별하는 간단한 한 가지 방법이었다. 요컨대 맥주는 트라키아인, 프리기아인, 이집트인, 즉 외국인이 마시는 음료였다.

이처럼 그리스인은 와인을 자신의 정체성과 결부시킬 정도로 사랑했기에, 갖은 방법으로 이 음료의 질을 향상시켰다. 일찍 수확한 포도는 신맛이 강했고, 거적에 말린 포도는 단맛이 강했다.[19] 그들은 와인을 물로 희석해 마셨는데, 원액을 그대로 마시는 일은 미개인들이나 하는 짓이라고 여겼기 때문이다. 또 오늘날에는 신기하게 여길 만한 갖가지 재료를 넣어 와인 맛을 다양화했다. 그리스의 수사학자 아테나이오스는 "와인에 바닷물을 넣으면 더 달콤해진다"라고 주장했다. 때로는 와인에 다른 향도 입혔다. 희극 시인 덱시크라테스는 "나는 와인을 마실 때 흰 눈과 함께 마신다/ 아, 제기랄, 이집트인이 아는 최고의 향기여라"라고 썼다.[20] 어떤 경우에는 지나칠 정도로 창의력을 발휘해 맛이 괴상할 것 같은 첨가물도 넣었다. 대ᄉ플리니우스는 "그리스에서는 와인에 도예용 흙과 대리석 가루를 섞어 거친 맛을 낸다"라고 썼다.[21] 반면, 가난한 사람들은 그런 호사를 좀처럼 누리지 못했다. 그들에게 와인은 더없이 예측 불가능한 음료였다. 어떤 때는 품질이 좋았다가 또 어떤 때는 형편없는 등, 예측 불허의 작황 상태와 지배층의 입맛에 따라 맛이 들쭉날쭉한 음료. 하지만 그들은 종류를 따질 것 없이 부자들이 소비하고 남은 와인에 만족해야 했다.

마시는 와인으로 뚜렷이 구별되던 계급 간의 차이가 디오니소스 축제 때는 어느 정도 약화됐다. 이 축제 때는 수염이 텁수룩하고 꼭대기에 솔방울이 달린 회향 지팡이를 든, 동방의 와인의 신(나중에는 수염이 사라지고 곱슬머리에 피부가 흰, 보다 중성적인 이미지로 등장한다)이 찾아왔다. 그 신은 자신의 숭배자들을 그들의 이성을 마비시켜줄 매개물로 안내했다. 광란의 춤과 무질서한 행동으로 이루어진 이 축제 의식에는 바카이라고 불리는, 주신 디오니소스의 여신도들이 참여했다. 역사가 에드워드 하이엄스는 이 의식이 "만취한 사람이 음주운전을 하는 것 같은 분위기와 광기"로 점철됐으며, "웃음소리가 가득"했지만 "끔찍한 소음과 과격한 놀이"가 난무했다고 설명했다.[22] 와인의 신으로는 물론이고 풍요와 정치적 저항의 신이자 와인과 미지의 세계의 신으로도 알려진 디오니소스는 유럽을 휩쓴 광기어린 숭배 의식을 주재했다. 도취와 황홀한 망각이라는 주제는 틀림없이 사람들에게 무척 매력적으로 다가왔을 것이다.

로마가 그리스보다 영향력이 커지면서 와인의 인기는 더 올라갔다. 미노아나 미케네 이민자들의 후손인 에트루리아인들이 북부 이탈리아에 포도 농사를 전파했는데, 이 지역에서는 기원전 800년경에 페니키아인들과 접촉한 뒤로 이미 포도나무를 키우고 있었다. 남부의 그리스 도시들 역시 와인 생산에 기여했다. 기원이 어디였든 이탈리아 와인은 로마인 덕에 상당한 진전을 이루었다. 다양한 기후에서 포도나무를 재배하는 법을 알아야 했기에 이들이 깊은 전문 지식을 쌓을 수밖에 없었다. 가령 더 오래 익혀 늦게 수확하는 방법은 아마 로마인들이 찾아낸 비법이었으리라. 시인 베르길리우스는 『농경시』에서 이렇게 조언했다. "누구보다 일찍 땅을 파고, 누구보다 일찍 가지치기를 하고, 누구보다 일찍 넝쿨 지지대를 실내로 들여놓아라/ 그러나 수확은 누구보다 늦게 하라."[23] 로마인들은 또한 그리스인들보다 와인 압착기를 더 일상적으로 활용했다. 사실 로마인들은 많은 부분을 기술에 의존하여, 양조 공정을 전례 없는 수준으로 기계화

디오니소스 그림을 그려놓은 암포라. 원래는 동방에서 들여온 이국의 신 디오니소스는 시간이 지나면서 그리스의 영적, 문화적 생활에 안착했다.

했다. 여전히 무거운 돌과 고리버들 바구니로 포도를 압착하는 시골 벽지에서조차 나사압착기를 사용할 정도였다. 이 나사압착기는 갈리아, 라인란트를 비롯해 샹파뉴, 부르고뉴처럼 오늘날 이름난 와인 생산지에서도 널리 사용됐다.[24]

그러나 다른 기술들은 지역마다 천차만별이었다. 로마제국의 북부와 서부에서는 갓 빻은 과육, 씨, 줄기를 석제 탱크나 나무통에 넣고 발효시킨 반면, 남부에서는 돌리아dolia라는 큰 질항아리를 더 많이 사용했다.[25] 남부에는 나쁜 세균의 증식을 효과적으로 억제해 발효를 돕는 유황이 없어서, 뜨거운 날씨엔 와인

통이 폭발하기 일쑤였다. 농업에 대한 광범위한 지식을 책으로 남긴 대大카토는, 그런 불행한 사태를 피하려면 30일 동안 와인 통을 땅에 묻어두거나 연못에 담가놓을 것을 권했다. 그렇게 하면 와인이 "일 년 내내 단맛을 유지한다"라고도 그는 주장했다.[26]

로마인들은 와인을 대량생산할 정도로 양조법에 통달하게 됐고, 꾸준한 공급 덕분에 계급에 상관없이 누구나 와인을 즐길 수 있었다. 부유층이 소유한 포도원에서 일한 노예들은 극심한 노동으로 인한 신체적 고통을 와인으로 달랬다. 권력자들은 도시에 넘쳐나는 사람들을 불안정하나마 안일한 상태로 만들기 위해 이른바 '빵과 서커스', 즉 공짜 음식과 구경거리를 제공하는 사회 정책을 폈는데, 이 정책에 와인이 윤활유가 되어주었다. 예컨대 검투사 경기가 열릴 때면 관람객들에게 와인 수만 암포라(고대 그리스와 로마 시대에 쓰던, 양 손잡이가 달리고 목이 좁은 항아리—옮긴이)를 제공했다. 클레오파트라의 아들 프톨레마이오스 필라델포스가 언젠가 와인 약 8만 리터를 거대한 표범가죽 자루에 담아 관중에게 하사했다는 기록도 있다.[27]

국가적 목표를 실현하는 데 술을 유용한 사회정치적 윤활유로 활용한다는 발상을 고대 중국인들은 로마보다 이미 수천 년 앞서 떠올렸다. 중국의 양조법은 신석기시대의 양사오문화(기원전 5000~3000년경) 초기에 시작돼 하나라(기원전 2070~1600년경) 때까지 죽 이어졌고, 이후 하나라 때부터 주나라(기원전 1046~256년경) 때까지 발전에 발전을 거듭했다. 고대 이집트나 메소포타미아에서처럼 기장, 수수, 쌀, 다양한 과일로 만든 초창

상나라 마지막 왕인 주왕의 초상화. 퇴폐의 대명사로 불리는 주왕은 첩을 기쁘게 해 주려 연못을 하나 만들고 그 안을 술로 가득 채운 다음 남녀가 다 같이 알몸으로 들어가 놀게 했다고 한다.

기의 술은 중국 관리들에게도 지대한 관심을 얻었다. 그리하여 마침내 양조에 관여하는 특별 기구가 생겼고, 최고의 술을 만들기 위한 온갖 비법이 논의됐다.[28] 양조자들은 '양조의 중추'라고들 하는 올바른 발효를 위해 엄격한 절차를 개발했는데, 주나라 말기에 쓰인 유교 경전 『예기』에 그 내용이 나온다. 오직 잘 익은 곡물과 깨끗한 도구 및 항아리만을 사용하고, 발효제는 제때에 넣어야 하고, 물을 끓일 때는 깨끗한 물을 알맞은 온도로 유지하면서 적절한 시간 동안 끓여야 하며, 최종 생산물은 질 좋은 도자기에만 담아야 한다고 양조자에게 지시하는 내용이다.[29]

시간이 지날수록 양조 기술이 늘면서 술맛도 좋아졌다. 그에 따라 양조자들은 저마다 자기가 만든 술이 '최고의 술'이라고 자랑하기 시작했다. 상나라(기원전 1600~1046년) 귀족들은 술판을 자주 벌였다. 이 왕조가 막을 내릴 무렵, 유명한 호색가였던 주왕은 연못을 하나 만들고 그 안을 술로 가득 채운 다음(그는 진탕 즐기려는 목적으로 고기 숲도 하나 만들었다) 수많은 남녀에게 벌거벗고 거기서 놀라고 명하기까지 했다. 주왕의 이런 주지육림 술잔치는 하나의 왕조를 무너뜨리고 중국 최초의 금주령이 생겨날 정도의 타락이 어떠했는지를 상징적으로 보여준다.[30]

와인은 겉보기엔 그저 평범한 발효 음료에 불과하지만 주나라의 경우처럼 한 왕조를 쓰러뜨릴 수도 있었다. 일부 학자는 456년에 로마가 몰락한 요인 중 하나로 납에 오염된 와인이 지배층에게 일으켰을 물리적, 인지적 쇠약을 꼽는다. 설령 와인이 이 역사적 사건에서 그렇게까지 대단한 역할을 하지는 않았다 해도, 이후 벌어진 일에서는 확실히 그랬다. 로마제국 전역에 있는 포도원의 소유권이 북유럽 이방인 정복자들에게 넘어간 일이 그중 하나다. 이는 원래 맥주를 마셨던 북유럽 사람들이 포도의 가치를 알게 된 탓이었다. 실제로 이들이 포도를 얼마나 소중히 여겼느냐면, 포도 넝쿨에 손상을 입히는 자에게 중형을 내릴 정도였다. 또 9세기 이베리아반도에서는 아스투리아스 왕국의 군주 오르도뇨 1세가 (지금의 포르투갈 중서부에 위치한 점령지인) 코임브라 인근에 수도원이 관리하는 포도원을 만들었다.

맥주 역시 수도원의 비호를 받아 꾸준히 만들어졌다. 기독교 수도승들은 알코올이 신성을 불러온다고 여겼는데, 이는 술이 깨달음을 도울지도 모른다는 평범한 생각에서였다(브랜디나 보드카 같은 증류주는 증류 기술이나 풍미 개선 기술이 어느 정도 진전된 후인 16세기에야 즐기게 된다). 그들은 로마의 양조법 전통을 그대로 지키면서도 이방 정복민들의 맥주 제조 방식 또한 받아들여 향상시켰다. 그리하여 스펠트밀, 밀, 귀리, 보리를 키워서 에일 맥주를 만들었다. 에일 맥주는 곧 이들에게 중요한 수입원으로 자리잡고 양조법에도 중대한 영향을 미쳤다. 아마 수도원에 머무르는 순례자나 상인의 입을 타고 에일 맥주의 탁월한 맛에 대한 소문이 널리 퍼진 덕분이기도 했을 것이다. 교회는 맥주를 이용해 축제 참가자들을 동원하고 조합 행사도 열었다. 조합 상인 쪽에서는 맥주 판매 부스가 더 많은 행사장을 골랐을 터다.[31]

권력을 행사하고 부를 축적하고 영향력을 획득하는 수단으로 술을 이용하는 데 있어, 중세 교회는 가까운 시기의 그리스와 로마뿐 아니라 고대 근동 지역과 극동 지역 국가들의 사례까지 모두 소환하여 본보기로 삼았다. 암흑시대(479~800)가 끝나고 서양 국가들이 활력을 되찾으면서 이들 국가가 그런 수단을 이용하는 일 역시 시간문제일 뿐이었다. 유럽의 소도시들에서는 인구가 불어나고 관할지가 넓어지고 상업이 다양화되면서 양조장, 선술집, 숙박업소가 기하급수적으로 늘어났는데, 이런 곳들은 주로 급수원 근처에 자리잡았다(이때 급수원은 아무 곳이나 선정되지 않았다. 석회가 너무 많으면 발효가 잘되지 않고 철분이 너무

맥주를 제조중인 수도승. 중세의 기독교 교회는 맥주에 내제된 엄청난 권력을 인지한 고대 근동 지역 및 이집트 문화권과 인식을 같이했다. 수도원 맥주는 엄격한 규칙에 따라 만들었고, 덕분에 신도들과 마을 사람들을 각종 모금 행사에 넉넉히 끌어들일 만큼 일정한 품질을 유지했다.

많으면 물이 탁해졌기 때문이다).

양조업자들과 판매자들은 이제 자연만이 아니라 정부가 부과하는 제약도 감당해야 했다. 영국에서는 정복왕 윌리엄(1028~1087)이 '주류 검사관' 네 명을 런던의 맥줏집에 파견하여, 마시기 적합한 맥주를 파는지 감시하도록 했다. 술집 주인들은 엉덩이 부분이 가죽으로 된 바지를 입은 모습을 보고 그 사람이 주류 검사관임을 알았다. 검사 도구로 쓰인 이런 바지가 한때 그들의 제복이었기 때문이다. 그들은 나무 의자에 맥주를 살짝 붓고 반시간 정도 그 위에 앉았다가 일어났을 때 엉덩이가 들러붙지 않으면 그 맥주는 판매에 적합하다고 판정하는 식으로 검사를 했다(엉덩이가 들러붙으면 맥주에 당분이 많이 남아 있다는 뜻이므로 발효가 아직 완료되지 않았다는 증거였다).[32] 그 뒤 영국과 유럽 대륙에서 맥주 제조 규칙에 관한 책자가 발행됐다. 헨리 5세(1387~1422)는 주류 검사관들에게 선서를 시켜 이 일에 엄숙함을 더했고, 잉글랜드와 웨일스에서는 1551년부터 맥줏집 주인들에게 허가증을 받도록 요구했다. 바이에른 공작 빌헬름 4세는 1516년에 맥주 순수령을 공포했다. 맥주를 만들 땐 물, 보리, 홉이 세 가지 재료만 사용해야 한다는 내용이었다. 예외 조항이 덧붙어 다소 변형되긴 했지만 이 법은 지금까지도 남아 있다.

규제와 맥주의 순수성에 대한 집착 뒤에는 상업적 동기가 숨어 있었다. 상인들은 맥주를 잠재력이 큰 수출품으로 보았다. 영국 맥주의 첫 수출 기록은 1158년 토머스 아 베켓이 프랑스를 방문한 기록에 등장한다. 베켓은 파리에 갈 때 마차 두 대에 맥주 통을 철사로 동여매어 싣고 갔다. 그의 서기관이 기록했듯이 "프랑스인들에게 줄 선물"로 "특별히 고른 실한 보리로 만든" 맥주였다. 선물을 받은 사람들은 시음하자마자 "그 품질에 놀라면서" 이 맥주가 "찌꺼기 하나 없이 깨끗하며, 색은 와인에 필적할 만하고 맛은 와인보다 훨씬 낫다"고 평가했다.[33]

이렇듯 영국 맥주는 깨끗하고 맛이 좋았지만 그 상태가 그리 오래가진 못했다. 그러므로 베켓 일행은 파리 사람들에게 그 맥주를 맛보여주려고 아마 무척 서둘러야 했을 것이다. 당시에는 유통을 위해 알코올 함유량을 상당히 높게 발효하는 방법밖에 없었겠지만, 나중에 홉을 이용하는 방법이 추가됐다. 담금 과정을 거친 맥아즙에 홉을 첨가하면 맥아에서 루풀론과 후물론이라는 일종의 방부제 역할을 하는 두 가지 수지 성분이 흘러나온다.[34] 요컨대 보존이 잘된 맥주는 홉을 첨가한 것이고 섬세한 맛을 가진 맥주는 홉을 첨가하지 않은 것이었다.

전자는 양조 산업을 지탱하는 역할도 했다. 양조 산업이 명맥 유지를 넘어 번성하기까지 한 것은 모두 홉 덕분이었다. 홉은 양조장에서 직접 키웠다. 특히 플랑드르, 프랑스 북부와 동부 그리고 바이에른에서는 기후만 맞으면 키우지 않는 데가 없을 정도였다(영국인들은 단맛이 더 강한 맥주를 선호해서 1700년이 돼서야 고정적으로 홉을 넣었다). 덕분에 이들 양조장은 전에는 생각조차 못했던 시장에까지 맥주를 팔 수 있었다.[35]

이렇게 홉은 금세 변질돼버리던 술을 완벽한 수출 상품으로 변신시켰다. 그 뒤로 맥주는 유럽 전역에서 인기를 이어갔다. 취기에 기분이 좋아져본 소비자들이 지속적으로 구매하고, 판매자들도 별 저항 없이 규제와 세금을 받아들인 덕분이었다. 양조업자, 상인, 왕실 모두에게 꿈같은 상황이 아닐 수 없었다. 특히 왕실에서는 이 산업을 국고를 채울 만한 다양한 세금과 요금을 거둘 더없이 좋은 수단으로 보았다. 이런 이유로 법은 유럽 전역에서 다른 어떤 산업보다 양조업에서 가장 큰 역할을 했다.[36] 감정인은 맥주의 무게를 재고 수량화하여 관리하고 알코올 도수나 투명도 등 품질도 평가했다. 이 수익 좋은 발효 음료에 반한 권력자들은 양조 산업에 대한 감시의 고삐를 한시도 늦추지 않았다.

하지만 감시 이상의 일을 한 권력자들도 적지 않았다. 이들은 자기네 나라 양조장이 최고가 되도록 적극적으로 각종 지원책을 마련했다. 이런 정책들은 국가 간 맥주 수출 경쟁이 점점 치열해지던 14세기에는 훨씬 중요한 역할을 했다.

예컨대 네덜란드에서는 상인조합 연합과 독일 북부 해안가 시장 도시가 결탁해 맺은 한자동맹에서 만든 홉 맥주가 쏟아져 들어와, 현지 맥주의 자리를 빼앗는 일이 일어났다. 네덜란드 양조업자들이 경쟁에서 살아남으려면 생산 방법을 바꾸는 수밖에 없었다. 이에 맥주의 경제적 중요성을 잘 아는 왕실이 발 벗고 나섰다. 14세기 후반에는 귀족들이 경제 발전 정책을 내놓았다. 배수 사업으로 토지를 복구해 양조에 필수적으로 필요한 곡물을 키우도록 하고, 양조장과 무역 활동 허용 여부에 대한 결정권을 각 도시로 이양했다. 수입 맥주와 곡물에는 관세를 부과했고, 일부 지역에서는 독일산 맥주를 아예 금지하기까지 했다.[37] 이런 정책 덕분에 이후 200여 년 동안 네덜란드의 맥주 생산은 상당히 늘었다. 물론 맥주의 종류가 다양해질수록 정부의 규제도 같이 늘었다.

그래도 네덜란드 양조업자들은 홉을 이용해 새로운 경제적,

다비트 테니르스 2세, 〈맥주 항아리를 붙들고 담배를 피우는 두 네덜란드 술고래〉, 1831, 메조틴트판. 네덜란드는 홉을 사용하면서 맥주 수출 대국이 되었고, 국내 소비량도 엄청났다. 다양한 종류와 적당한 과세 및 규제가 결합해 양조 산업을 이끌었고, 덕분에 네덜란드 사회는 근대 초기의 어느 유럽 국가보다 번영했다.

사회적, 법적 환경에 확실히 적응했다. 본래 네덜란드 전통 맥주
는 들버드나무, 쑥, 서양톱풀, 병꽃풀, 흰털박하, 히스 등의 허브
혼합물 그루트gruit를 넣어 만들었다. 간혹 두송자, 생강, 캐러웨
이 씨, 아니스 씨, 육두구, 계피를 넣은 것도 있었고, 이 그루트
에 수출이 가능할 정도는 아니지만 홉을 약간 넣은 것도 있었

다. 그러나 이들은 양조 과정을 바꿀 뿐 아니라 그루트 대신 홉을 넣었다. 그 결과 독일을 능가하진 못해도 그에 뒤지지도 않는 맥주를 네덜란드도 만들 수 있게 됐다.

이 전략적인 장기 투자는 톡톡히 보상받았다. 양조 산업은 네덜란드 경제에 가장 크게 기여했고, 덕분에 해운업, 통 제조업 등의 관련 산업도 덩달아 성장했다.[38] 시 당국의 재정도 마찬가지였다. 예컨대 암스테르담은 와인, 맥주, 곡물 거래에서 거둬들이는 세금이 가장 큰 재원이었는데 1552년에 이르러서는 총 재원 중 70퍼센트에 달할 정도였다. 근대 초기의 이런 활기찬 경제는 정치 및 사회 영역에까지 활기를 불어넣었다.[39]

물론 어느 사회건 세금이 있으면 세금 면제 혜택을 받는 사람들도 존재하게 마련이다. 귀족은 술과 관련된 소비세를 내지 않았다. 수도승, 베긴회 수녀, 조선업자, 나환자도 마찬가지로 면세 대상이었다.[40]

하지만 소비세를 꼬박꼬박 내야 했던 사람들은 그런 사실을 별로 신경쓰지 않았던 것 같다. 분명 세금이 붙은 이 음료가 그런 부담으로 인한 고통을 덜어줬을 것이다. 어쨌든 네덜란드인은 모두 주당이라는 인식이 생겨났고 그런 인식 때문에 그들은 더 마셔댔다. 엘리자베스 시대의 시인 토머스 내시는 자기 동포들의 '과잉 음주'를 불평했으며, 이 때문에 저지대 국가들(벨기에, 네덜란드, 룩셈부르크 등—옮긴이)이 영국에게 정치적 개입을 당하는 등 외세의 입김에서 자유롭지 못해졌다고 생각했다. 실제로 네덜란드에서 맥주보다 많이 마시는 음료는 물밖에 없었다.

15, 16세기의 1인당 맥주 소비량은 1년에 400리터 정도로 추산된다. 성인이 하루에 평균 4리터 정도 마셨다는 이야기다. 다양한 산업에 종사하는 숙련공들은 그보다 훨씬 더 마셨다.[41] 세금이 붙어도 맥줏값은 여전히 저렴했다. 1650년대 선술집에서 판매한 큰 맥주잔 한 잔 가격이 지금의 달러 가치로 치면 고작 1달러 19센트 정도였으니 말이다.[42]

네덜란드인들이 맥주를 그토록 사랑한 것은 맥주가 맛 좋은 술인 탓도 있지만, 시중에 고가의 고급 맥주, 저렴한 하급 맥주, 중간 정도 가격과 품질의 맥주가 골고루 나와 있기 때문이기도 했다.[43] 허브가 들어간 첫번째 범주의 맥주는 수출은 못 해도 부유층에게 인기가 있었다. 델프트, 하를럼, 아메르스포르트의 양조장들은 특히 도수 높은 맥주로 명성을 얻었다. 이곳 맥주는 일종의 사회적 지위를 드러내는 술이 되었고 양조업자들은 고급 맥주라는 이미지를 지키기 위해 모든 노력을 다했다. 저렴한 맥주는 순한 식탁용 음료로, 중간 가격 및 품질의 맥주는 여느 술과 마찬가지의 목적으로 마셨다. 도수와 가치는 담금 과정을 몇 차례 거쳤는지에 따라 달라졌다. 한 차례만 거친 것도 있었고 네 차례나 거친 것도 있었다. 부유층의 고급 입맛을 사로잡기 위해 허브와 향신료를 첨가한 것도 있었다. 예를 들어 도르드레흐트라는 마을에서는 사람들이 특별하게 여기는 약용 맥주를 생산했다.[44] 홉 대신 귀리를 듬뿍 넣은 맥주 카위트kuit는 엄청난 인기를 끌었다. 묵직한 맛을 좋아하는 사람들은 디켄비르dickenbier나 스바르 포르테르스비르swarer poortersbier를 마셨다. 스하르비르scharbier는 낮은 도수와 깔끔한 맛으로 승부했고, 도수가 낮은 덕분에 세금도 면제받았다. 스헤이프스비르scheepsbier 혹은 십스 비어ship's beer라는 이름의 맥주는 이보다도 도수가 더 낮았다. [45]

이런 다양성 때문에 지방 정부들은 맥주의 생산 과정 및 상품 표시에 정확성을 기하기 위한 법을 마련해야 했다. 이에 따라 맥주를 첨가물과 색으로 구분하는 방법이 강제되었다. 색은 맥주의 도수, 목표 고객, 양조 회사뿐 아니라 발아에 사용한 곡물의 종류와 만든 계절에 따라서도 달라졌다. 특정 레시피와 곡물의 양까지 법으로 정해져 있었는데, 이때 곡물은 주로 귀리, 밀, 호밀 그리고 가장 값이 싼 보리를 지칭하는 것이었다. 또 적당한 발효를 위해, 새로 만든 맥주는 얼마 동안 저장소에 두어야 하는지도 법에 명시되었다.[46]

그러나 이 새 법은 대체로 실패할 수밖에 없었다. 고의로든 법을 잘 몰라서든 양조장 뒤에서 품질보증서를 몰래 거래하는 경우가 많은지라, 어떤 표준을 강제하기란 거의 불가능에 가까웠다. 예컨대 어느 양조업자가 자기네 맥주를 디켄비르라고 부른다 해도, 막상 그가 시장에 내놓는 물건은 완전히 새로운 종류라고 할 정도로 규정 레시피와 딴판으로 만들어진 경우도 많았다.[47] 언론이 없던 시대에 양조업자들이 순순히 규정대로 따르리라는 기대는 사실상 허황된 것이었다.

전통을 보존하기 위해 법이 따로 필요치 않았던 건 맥주를 만드는 방법 그 자체였다. 맥주 제조법은 이집트 파라오 시대 방식에서 달라진 것이 거의 없었다. 하지만 발효 과정에 대한 이해

19세기 독일 교과서에 실린 보리 그림. 네덜란드에서는 맥주에 들어가는 다양한 곡물을 모두 법에 따라 엄격하게 관리했는데, 그중에서도 특히 가장 값이 저렴한 보리는 다양한 맥주를 만드는 데 활용됐다.

는 훨씬 깊고 정교해졌다. 사료를 보면, 네덜란드인들은 상면발효 효모와 하면발효 효모를 모두 알았지만 상면발효 맥주를 선호한 듯하다(그래도 겨울에는 천천히 작용하는 하면발효 효모를 썼을 것이다). 효모의 접종 방식은 양조장마다 달랐다. 양조를 시작할 때 이전 양조시에 따로 남겨둔 맥주를 넣는 경우도 있고, 담금 과정에서 빵 조각을 집어넣는 경우도 있었다. 그냥 도구를 씻지 않고 이전에 만든 맥주 찌꺼기를 남겨두는 경우도 있었다. 이 방법을 쓸 경우 남은 찌꺼기가 종종 원치 않는 효모균에 오염되기도 했다. 그래도 15세기 무렵에는 양조업자들이 배양균을 깨끗한 통에 두어 감염으로부터 안전하게 지켰다. 그들은 맥아즙을 길쭉하게 생긴 발효통에 쏟아붓고는 거기에 이 오염되지 않은 효모를 집어넣었다. 맥아즙이 완전히 발효됐는지 확인하기 위해 그들은 촛불을 근처에 갖다 댔다. 불이 꺼지면 발효가 다 된 것이었다. 발효시에 뿜어져 나오는 이산화탄소가 촛불을 꺼뜨릴 정도로 강렬하기 때문이다.[48]

15세기부터 17세기까지는 네덜란드의 맥주 제조 과정에 별다른 변화가 없었고, 있다 해도 미미한 수준이었다. 필수 장비는 담금 과정에 필요한 큰 발효통, 맥아즙과 물을 넣어 끓이는 주전자, 식힘통, 발효통과 다양한 도구들, 이를테면 곡물을 떠 담는 삽, 갈퀴, 맥아나 맥아즙을 젓는 데 쓰는 주걱 등이었다. 하면발효 맥주의 첫 발효는 깊은 통 안에서 10~12일 정도 걸렸다. 그 다음엔 큰 통에 옮겨서 두번째 발효를 했다. 통은 여유 공간을 남겨둔 채로 잘 봉해서 시원한 바람이 통하는 곳에 두었다. 상

〈포도를 수확하는 사람들〉, 『성 그레고리우스의 대화』에 삽입된 세밀화, 13세기. 이런저런 양조주 중 특히 와인은 다양한 표준화 및 산업화 정책에 휘둘리지 않고 오랜 전통 양조법을 가장 꿋꿋하게 지켜냈다. 덕분에 중세 시대를 거슬러 사실상 와인 양조법을 맨 처음 터득한 고대 때부터 이용한 최적의 방법이 거의 그대로 이어졌다.

면발효 맥주는 큰 통에서 발효되는 데 사흘 정도 걸렸다.[49] 상면 발효 맥주건 하면발효 맥주건 투명도를 높이기 위해 돼지나 황소의 발, 깨끗한 모래나 라임, 참나무 껍질 가루나 부레풀이라고도 부르는 말린 물고기 부레 등을 넣었다.[50] 이중에 부레는 지금도 사용되고 있다.

맥주는 네덜란드인에게 제국을 운영할 정도의 부를 가져다준 수출품이었다. 머지않아 다른 나라들도 양조법을 향상시키는 데 성공해 이 수출 대열에 동참했다. 1553년에 바이에른의 공작

알브레히트 5세는 여름 몇 달간은 맥주 제조를 금지했다. 무더운 날씨가 효모에 영향을 주어 향과 맛이 불쾌한 맥주가 만들어지는 탓이었다. 그가 정한 맥주 제조 시기는 성 미카엘 축일(9월 29일)부터 성 게오르기우스 축일(4월 23일)까지였다.[51] 하면발효 효모를 넣으면 시원한 날씨에 발효가 잘됐으며, 색이 밝고 향이 부드러운 맥주가 만들어졌다. 이런 맥주는 당연히 인기가 좋았다. 인기는 보헤미아까지 퍼져, 독일인들은 필젠이라고 부르는 도시 플젠의 한 양조장에서 밝고 옅은 색에, 쓴맛이 살짝 가미된 부드러운 맛의 맥주를 만들어냈다. 이렇게 향과 색이 완벽한 조화를 이룬 맥주가 탄생한 것은 이 양조장의 물이 부드럽고 불순물이 거의 없는 덕분이었다.[52]

하지만 한 가지 문제가 있었다. 가끔씩 이 양조장에서 사용한 효모가 난데없이 시큼한 맛을 낼 때가 있었다. 세계에서 가장 부드러운 물도 이런 변질은 막지 못했던 것 같다.

그렇다면 와인은 어땠을까? 와인 역시 생산지 환경과 불가분의 관계이기에 규격화 및 상품화가 쉽지 않았다. 암반, 토양, 물, 미기후 등 수많은 자연환경 요소에 따라 풍미와 상태가 천차만별로 달라졌기 때문이다. 최저가 와인을 제외한 대부분 와인의 생산 과정은 기계화가 거의 불가능했다. 게다가 맥주와 마찬가지로 미생물 때문에 기껏 만든 와인 전체가 변질돼버릴 위험도 있었다.

하지만 그렇다고 해서 방법을 찾는 노력을 포기할 수는 없는 법. 다음 장에서 살펴보겠지만, 미생물학의 거장 루이 파스퇴르가 갖은 노력 끝에 와인의 품질을 지켜줄 혁신적인 돌파구를 찾아냈다. 그 돌파구는 주로 부패 방지와 관련된 것이었다. 이후 파스퇴르의 아이디어를 맥주에 접목한 사람들이 생겨났고, 그 결과 맥주 양조업에 매우 광범위하고 혁신적인 변화가 일어났다.

2.

위대한 진보

와인을 구원한 파스퇴르와
양조주의 산업화

FERMENTED
FOODS

돈을 버는 최고의 방법은 술을 만드는 것이다.

기네스는 흑맥주를 만들고 흑맥주는 돈을 만든다.

—R. E. 에저턴 워버턴, 「대단한 더블린 맥주 양조장을 방문하고 나서」[1]

19세기 프랑스에서 와인 품질의 하락은 큰 문제였다. 프랑스 혁명으로 포도원 소유권이, 양보다는 질을 우선시하는 귀족들에게서 해방되어 농부들에게로 넘어갔다. 농부들은 포도 생산량을 크게 늘려 곡물에 견줄 만한 주요 상품으로 만들었다. 들판이란 들판은 다 포도원이 됐고 1850년에 이르러서는 포도나무가 프랑스 땅 200만 헥타르를 차지했다. 좋은 점도 있었다. 모든 계층이 원없이 와인을 즐기게 됐다. 농부, 군인, 공장노동자 할 것 없이 모두가 틈만 나면 와인을 마셨고, 부르주아 계층도 집 저장고에 와인을 잔뜩 쌓아두었다. 하지만 와인을 대량생산

하기에는 아직 미진한 점이 많았다. 해마다 각종 오염과 병충해로 생산량이 확 줄어드는 일이 잦았다.[2]

양조업자들이 보기에 이런 병충해는 꼭 잔인한 마법을 부리는 것 같았다. 겉보기에 멀쩡했던 화이트 와인이 미끈거려지는가 하면, 레드 와인에서 쓴맛이 났다. 더운 날씨 때문인지, 레드 와인과 화이트 와인 모두에서 실 모양의 희뿌연 물질이 생겨났다. 루아레 계곡과 오를레앙의 와인은 색이 탁해지고 끈적끈적하게 변하면서 맛도 밋밋해져 모든 풍미가 사라졌다.[3] 변질된 와인 때문에 불룩하게 부풀어오른 와인 통은 '밀어내기 현상'이 생겼다고 말했다. 무엇보다 이 때문에 풍미가 떨어질 수도 있음을 우려했다. 몽펠리에에서 이름난 어느 양조업자는 자신이 만든 와인을 1등급 와인이라고 판단해 그렇게 광고했다가 소비자들로부터 물을 섞은 게 아니냐는 의심을 받아 결국 파산했다. 사실은 이 와인이 변질되어 애초의 풍미가 사라져버린 것이었지만, 어쨌든 이런 소문이 매출 감소로 이어져 그는 결국 사업에 실패했다.

와인의 변질은 와인이 프랑스 국내에서만 소비될 때도 충분히 불행한 사태였지만, 1860년에 프랑스가 대영제국과 자유무역조약을 맺은 후부터는 단순히 수치스러운 비밀에 그치지 않고 공개적인 망신거리가 됐다.[4] 수출된 와인에서는 종종 시큼쌉쌀한 맛이 났는데, 그렇게 되기 전에 잔에 따르기 힘들 정도로 끈적끈적해지는 일도 잦았다. 마침내 영국은 프랑스 와인의 수입을 중단했다. 한 도매상은 이렇게 말했다. "이유는 간단하다. 처

19세기 미생물학의 대가 루이 파스퇴르. 그의 연구는 발효, 박테리아 감염, 질병 예방의 이해에 신기원을 열었다.

음엔 와인을 들여온다는 생각에 반갑기만 했다. 하지만 너무 쉽게 변질되는 탓에, 이 거래로 우리는 엄청난 손해를 보았고 끝도 없이 말썽이 생겼다."[5]

그즈음 루이 파스퇴르가 등장했다. 파스퇴르는 조국에도 과학 탐구에도 충실한 사람이었다. 1863년 나폴레옹 3세는 와인이 상하는 원인을 조사해달라고 그에게 부탁했다. 사실 파스퇴르보다 그 일에 더 적격인 사람은 없었다. 당시 그는 이미 무생물에서 미생물이 생겨날 수 있다는 자연발생설을 반증했고, 발효의 복잡성을 이해하기 위한 연구도 상당히 진척돼 있었다. 1860년에 출간한 인상적인 저서 『알코올 발효에 관한 연구』에서 그는 자신의 실험을 상세히 설명했을 뿐 아니라 이 주제의 연구도 꼼꼼하게 설명했다. 그리고 알코올은 화학적 발효에서 비롯됐으며 효모는 이 과정에서 촉매제가 아니라 부산물일 뿐이라는 당시의 주된 이론을 부정했다. 대신, 같은 원료라도 어떤 미생물이 첨가되느냐에 따라 다른 발효 결과가 나타날 수 있음을, 이를테면 효모는 알코올 발효에, 젖산균은 젖산 발효에 관여한다는 점을 입증했다.[6] 이런 연구 결과는, 미생물의 종류를 통제함으로써 발효의 질도 통제할 수 있음을 의미했다.

파스퇴르의 발견은 매우 시의적절했다. 프랑스에서 딱히 그런 통제를 하는 양조장은 아무데도 없었기 때문이다. 이 선구적인 미생물학자는, 부패 때문에 "크고 작은 변질이 일어난 와인이 하나도 없는 양조장은 프랑스에 단 한 곳도 없을 것"이라고 생각했다.[7]

파스퇴르는 실험을 위해 자신의 고향 아르부아로 갔다. 장밋빛 와인과 적황색 와인으로 유명한 아르부아는 주요 와인 생산지인 쥐라산맥의 중심부에 위치했다. 그가 어린 시절에 뛰놀던 포도원도 이곳에 있었다.[8] 그는 이 포도원에 자기 제자 세 사람을 데리고 갔다. 그리고 어느 식당에 딸린 방에 현미경, 부화기, 시험관, 시험관 집게, 가스버너 등 실험에 꼭 필요한 도구들을 갖다놓았다. 계산대 뒤에는 그 일대에서 만든 와인 샘플들이 놓여 있었다.[9] 철두철미한 성격의 파스퇴르는 아르부아 변두리에 자리한 포도원도 하나 구입했다. 거기서 그는 포도 수확에서부터 여과 과정까지 양조 과정의 모든 단계를 관찰할 수 있었다.

파스퇴르가 와인 생산지에 직접 나타나자 양조업자들의 관심

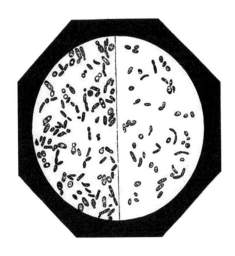

파스퇴르가 와인에서 관찰해 그린 미생물 그림을 복제한 그림. 그는 이 미생물이 와인을 부패시켜, 쓴맛이 나거나 마시기 부적합한 것으로 만든다고 결론지었다.

을 끌었다. 자신이 생산한 와인의 품질에 만족하지 못한 이름난 포도원 주인들도 그에게 샘플을 보냈다. 파스퇴르는 현미경으로 그 샘플들을 관찰한 결과, 최상의 품질을 자랑하는 와인조차 와인을 끈적이게 만들거나 질을 떨어뜨리는 둥그스름한 모양의 세균이 군집을 이루고 있음을 발견했다.

이제 그의 다음 과제는 와인을 부패시키는 이 미생물을 제거할 방법을 찾는 일이었다. 화학물질은 다루기 쉽지 않았다. 신뢰할 수 없거나 바람직하지 않은 결과를 가져오는 경우가 많기 때문이었다. 파스퇴르는 와인에 쓴맛을 일으키는 세균에 열처리를 한번 해보기로 했다. 부르고뉴, 본, 포마르에서 각기 다른 해(각각 1858, 1862, 1863년)에 만든 최상급 와인 스물다섯 병을 모아놓고 그 안에 든 입자들이 바닥에 가라앉도록 48시간 동안 그대로 놓아두었다. 그런 다음, 침전물이 다시 위로 올라오지 않도록 빨대를 이용해 와인을 빨아들였다. 각 병에 1세제곱센티미터만 남았을 때 그 침전물을 흔들어 현미경으로 관찰했다. 아직은 와인에서 쓴맛이 나지 않았지만, 그렇게 되는 건 시간문제일 뿐임을 알고 있었다. 좀더 놓아두면 실 같은 부유물이 특유의 효력을 발휘할 터였다.[10]

파스퇴르는 각 지역 와인 중 한 병씩을 섭씨 60도로 가열했다. 그리고 다시 식혀서 가열하지 않은 와인과 함께 저장고에 두었다. 저장고는 계절에 따라 기온이 섭씨 13~17도 사이를 오르락내리락했다. 그는 이들 와인 병에 가는 실 같은 게 생겼는지 보름에 한 번씩 확인했다. 그러다가 6주가 좀 안 됐을 무렵, 가열하지 않은 모든 와인병에서 부유물이 생기기 시작했고, 그중 1863년산 와인에서 가장 많은 부유물이 관찰됐다. 반면 가열 과정을 거친 와인 병에서는 침전물이 전혀 생기지 않았다.[11] 이렇게 돌파구를 찾아낸 파스퇴르는 침전물이 생기지 않은 와인을 골라 마시며 마음껏 자축했다.

파스퇴르의 실험은 기존의 발효 이론에 정면으로 도전하는 일이었다. 그때까지 양조업자들에게 양조란 과학이라기보다는 예술에 더 가까웠다. 결과물이 좋으면 양조자의 기술이 좋다는 뜻이었다. 좀더 과학적으로 생각하는 사람은 보다 객관적인 설명을 시도했다. 한편으론 미심쩍어 하면서도 널리 알려진 실험 결과를 인용하며, 그들은 발효를 일종의 화학반응이라고 생각했다.

그러나 이런 생각도 불과 얼마 전에야 등장했다. 18세기 말까지만 해도 발효의 원리는 대체로 수수께끼로 남아 있었다. 비록 그 효과를 인식하고 분류까지 제대로 했지만 말이다. 이를테면 옛 학자들은 식초의 아세트산 발효, 산유의 젖산 발효 그리고 부패 발효까지 발효의 종류를 분류하여 기록했다. 마지막의 경우 썩은 고기, 썩은 달걀 같은 유기물이 분해하면서 풍기는 냄새란 정말 끔찍했다.[12] 하지만 사과즙이 식초로 바뀌고 생우유가 덩어리지면서 요구르트로 바뀌는 정확한 이유는 몰랐다.

당시 몇몇 이론이 제기됐으나 이는 기계론적이거나 화학적인 차원의 것들이었다. 17세기 프랑스의 철학자이자 수학자 르네 데카르트는 맥주나 와인 통에서 거품이 생기는 것은 물질이 서로 섞이면서 밀어내는 힘 때문이라고 생각했다. 18세기 프랑스의 선구적인 화학자 앙투안 로랑 라부아지에 역시 수학을 동원하여 이런 생각을 지지했다. 그는 발효가 균형 반응식과 대수 공식의 표현이라고 설명했다. 저울의 한쪽에 설탕을 올려놓으면 발효를 통해 그 설탕이 뿜어낸 탄산 무게와 그것이 만들어낸 알코올 무게의 합으로 저울의 균형을 맞춘다는 이야기였다.[13] 이들 화학자의 말에 따르면, 공기와 운동은 움직임을 만들어내 발효를 촉진했다. 그래서 포도는 짓이기고 반죽은 치대고 맥아즙은 담가놓아야 했다.

놀랍게도 발효가 생식이 아니라 부패의 방식으로 진행된다는 믿음도 팽배했던 것 같다.[14] 와인이나 맥주 통에서 거품이 생기는 것은 아무리 생동감 있어 보일지라도 죽음과 부패의 증거였다. 효모는 맥아즙이 부패하면서 맥주가 만들어지는 것을 돕고,

이는 곧 맥아즙이 발효하는 화학적 변화의 과정이라고 생각했다. 식초를 섞은 와인에도 똑같은 과정이 일어났다. 이 지배적인 이론의 몇몇 파생 이론을 통해서, 발효는 생물학적 현상이 아니라 화학적 현상이라고 생각하는 고정불변의 믿음이 단단히 자리잡게 되었다. 이와 다른 주장을 하는 사람은 망상에 빠진 사람까지는 아니라 해도 고집불통 취급을 받을 위험이 있었다.

하지만 파스퇴르는 자신의 실험에서 밝혀낸 사실을 부정할 수 없었다. 발효가 생물학적 이유로 발생한다는 사실 말이다.

이 발견으로 그는 화학반응 발효 이론의 대가였던 유스투스 폰 리비히와 대립하게 되었다. 뮌헨대학 화학과 학과장이자 프랑스과학아카데미와 영국왕립학회를 비롯한 유럽과 미국에서 중요한 거의 모든 학술 조직의 회원인데다 남작이라는 지위까지 갖춘 리비히는 1816년에 전 세계에 불어닥친 기근, 이른바 '여름 없는 해'를 겪어낸 사람이었고, 그로 인해 그는 단호한 목적지향적 실용주의자가 되었다. 그리하여 당시에는 연금술 같은 신비주의 학문에 가까웠던 화학에 관심을 두었다.

리비히는 이제 막 걸음마를 떼는 이 학문을 연금술로부터 떼어내 합당한 존중을 받는 과학으로 만들고자 했다. 어려운 시기를 보내면서 배웠듯이 그러기 위해서는 이 학문을 사회 및 산업 문제를 풀기 위한 학문으로 바꿔야 했다. 그는 인공 고기와 우유 추출물 그리고 고형 육수를 개발해, 1870년에 프로이센이 프랑스와 전쟁을 벌이는 동안 군대를 톡톡히 먹여 살렸다.[15] 비료도 개발하고 중요한 영양학 이론도 만들었다. 아닌 게 아니라 그의 업적이 얼마나 획기적이고 오래도록 영향을 미쳤는지, 그가 유년기에 겪은 기근이 서구에선 사실상 자연이 불러온 마지막 대규모 생존 위기로 남을 정도였다(애석하게도 인간이 불러온 각종 위기는 계속해서 이어졌지만). 하지만 이런 엄청난 연구 성과에도 불구하고, 그는 알코올 발효 이론에서만큼은 파스퇴르가 완전히 무효화시켰다고 여긴 이론에 계속해서 매달렸다.

시대착오적인 이론에 대한 리비히의 집착은 그가 감독을 책임진 독일의 식초 산업 분야에서 가장 두드러졌다. 그 시대에는 식초를 전통적인 '너도밤나무 부스러기법'으로 만드는 것이 지배적이었다. 큰 통에 너도밤나무 부스러기를 쌓아놓고 그 위에 와인이나 맥주를 방울방울 떨어뜨리면, 술이 공기와 함께 나무 부스러기를 통과하면서 식초가 만들어진다고 생각했다.[16] 리비히는 나무 부스러기가 마른 부패물처럼 작용하고 알코올이 대기 중 산소 작용에 노출되면서 이러한 과정이 일어난다고 믿었다. 말하자면 이 액체에 들어 있던 수소의 3분의 1이 날아가고 그 결과 알데히드가 만들어지는데, 이 알데히드가 산소와 결합해 아세트산(또는 초산)으로 바뀐다는 것이다. 오직 나무 부스러기가 다공체 역할을 하여 직접 산화가 일어나 식초가 만들어진다는 이야기다. 요컨대 식초가 만들어지는 과정은 일종의 부분 연소이고, 그러므로 생물학적 현상과는 아무 관련이 없다고 리비히는 믿었다.[17]

파스퇴르는 리비히의 이론에 의구심을 가졌다. 1861년에 그는 오를레앙에 있는 식초 공장을 방문해 식초 만드는 과정을 직

유스투스 폰 리비히는 화학 발전에 공헌한 독일의 선구적인 과학자였다. 그럼에도 때로는 시대에 뒤떨어진 이론을 고수했는데, 그중 하나가 발효가 생식 작용이 아니라 부패 작용이라고 믿은 것이다.

접 관찰하면서 보완할 점이 있는지 확인했다. 식초에 잘 생기는 오염 물질은 식초가 만들어지는 데 중요한 미생물이라고 여겨온 초선충이라는 선충류였다. 파스퇴르는 여기에서 한 걸음 더 나아갔다. 그는 식초를 만드는 통에 남은 찌꺼기를 보고, 이런 조건이 바람직하지 않은 유기물을 배양하여 바람직한 유기물이 손상된다고 짐작했다. 성공적인 발효에 필요한 유기물은 알코올성 액체의 표면에 생기는 젤리처럼 생긴 유익균 덩어리 '초모'뿐이었다. 이 균을 계속 공기 중에 노출시키면 발효가 지속됐고 액체 속으로 빠뜨리면 발효가 중단됐다.[18] 자신의 결론에 자신감을 가진 파스퇴르는 이 '초모'를 만드는 마이코더마 아세티Mycoderma aceti가 와인을 식초로 만드는 단독 요인이라는 발견으로 특허를 냈다.[19]

파스퇴르는 너도밤나무 부스러기가 식초 생산을 돕는 것은 그 안에 마이코더마 아세티가 들어 있기 때문이고 오직 이 균만이 단독으로 발효에 관여한다는 자신의 발견을 리비히에게 알렸다. 그러나 선배 과학자는 회의적인 반응을 보였다. 파스퇴르는 그에게 이 부스러기를 현미경으로 직접 한번 관찰해보라고 요청했다. 이왕이면 그 부스러기를 과학 아카데미에 보내 회원들이 최종 결론을 내리도록 해달라고도 했다.

리비히는 아무 응답도 하지 않았다. 파스퇴르는 이 완고한 침묵이 결국엔 독일의 경제적 손실을 가져올 터이니 어쩌면 차라리 잘된 일이라고 생각했다. 보불전쟁에서 프랑스가 입은 막대한 손실을 생각하면 이런 전망은 오히려 흐뭇하기까지 했다. 비록 전쟁터에서는 굴욕을 겪었을지언정 맥주나 와인 양조 산업에서는 프랑스가 승리를 거둘 테니 말이다.

파스퇴르는 또다른 중요한 통찰도 하나 얻었다. 그건 바로 미생물이 국가의 명운을 결정할 수도 있다는 사실이었다. 그래서 그는 다음과 같이 썼다. "맥주나 와인이 몰래 미생물이 들어와 증식할 수 있는 은신처가 되어줌으로써 그 상태가 완전히 변하는 것을 보면, 동물에게도 비슷한 일이 일어날 가능성이 있다고, 아니 반드시 그러하리라고 유추하지 않기란 불가능하다."[20] 1870년부터 파스퇴르는 발효 연구를 통해 자신이 알게 된 모든 지식을, 광견병에서 탄저병에 이르기까지 당시의 가장 치명적인 질병들과 싸우는 데 응용했다. 그의 발견 덕을 본 식품 산업계 역시 이전에는 전통적인 방식으로 만들던 발효 식품을 더 완벽하게 대량생산할 방법을 끊임없이 모색해나갔고, 결국엔 사람들이 먹는 음식과 식습관까지 바꿔놓았다.

1877년 1월에 덴마크의 양조업자 야코브 크리스티안 야콥센이 파스퇴르 이론의 마법에 걸려들었다. 야콥센은 당시 자신의 양조장 칼스베르에서 만든 맥주에서 시큼하고 퀴퀴한 냄새가 나서 이 문제와 씨름하던 차에 파스퇴르가 맥주 공정 과정의 위생에 관해 쓴 논문을 보고, 여기에 자신이 겪는 이 심각한 문제를 해결할 열쇠가 들어 있다고 믿었다. 사업적 야심이 컸던 그는 도무지 이런 손실을 계속해서 감당할 수 없다고 생각하던 참이었다. 그는 맥주를 전국에서 판매할 만큼 대량생산하려는 계획도 갖고 있었다. 프랑스처럼 덴마크에서도 남녀를 불문하고 전례 없이 많은 이가 술을 마시기 시작했기 때문이다. 야콥센은 이 수요에 부응하고픈 욕심에, 코펜하겐대학의 야페투스 스텐스트루프 교수에게 편지를 썼다. 혹시 파스퇴르의 기술에 대해 잘 아는 사람을 소개시켜줄 수 있느냐고 묻는 편지였다. 다행히 스텐스트루프 교수는 소개시켜줄 만한 사람을 알고 있었다. 에밀 크리스티안 한센이었다.

전직 군인이자 알코올중독자인 아버지와 세탁부 일을 하는 어머니 사이에서 태어나 자란 한센은 어려서부터 배우를 꿈꾼 몽상가 기질이 강한 사람이었다. 그 진로가 막다른 골목에 다다르자 식품 가게에서 일을 배웠으나, 그곳에서마저도 고분고분하지 않다는 이유로 해고당했다. 그 뒤 페인트공 일을 하다가 곧 초상화 화가가 됐다. 그러나 미술학교 입학을 거부당해 이 진로 역시 포기할 수밖에 없었다. 그는 자신의 아버지처럼 군인이 되겠다며 이탈리아의 민족주의자 장군 주세페 가리발디의 군대에 입대했다. 그러다 얼마 지나지 않아 다시 생각을 돌려 이번엔 교사 일을 해보기로 했다. 학생을 가르치는 동안 식물학자인 동료 교사의 영향을 받아 코펜하겐대학에서 자연사 학위를 따기로 마음먹었고, 이후 평생 그곳에서 미생물 연구에 몰두했다. 연구비는 E. C. 한센이라는 이름으로 연감이나 잡지에 글을 써서 마련했고, 나중엔 영국 박물학자 찰스 다윈의 『비글호 항해기』를 덴마크어로 번역하기도 했다.[21]

한센은 포유류 배설물 퇴비에서 자라는 곰팡이에 대한 논문으로 대학에서 금메달을 수상하면서 마침내 자신이 소명을 찾았음을 확신했다. 이후 페테르 루드비 파눔 교수의 실험실에서 발효 생리학 연구를 하던 중 야콥센이 효모를 연구할 과학자를 찾는다는 소식을 접했다. 한센은 맥주에서 발견한 미생물을 다루는 박사학위 논문을 완성하면 야콥센이 원하는 연구에 참여해야겠다고 결심했다. 그리고 수년 전 파스퇴르가 남긴 업적에 기초하여, 양조 산업에서 효모가 혁명적인 역할을 하게 만든 과학적 발견을 해냈다.

수 세기 동안 효모는 세균에 버금가는 수수께끼였다. 효모를 뜻하는 영어 단어 yeast는 고대 영어 gist(또는 gyst)에서 유래했는데 인도-유럽어족에서 어근 yes는 '끓어오르는 것' '거품'을 뜻한다. 이렇듯 효모는 오래전부터 맥주와 빵을 만드는 데 이용되

실험실에 있는 에밀 크리스티안 한센. 미생물의 본성과 행태에 대한 주요 연구 상당 부분이 이곳에서 이루어졌다. 그의 연구는 대규모 맥주 양조에 크나큰 진전을 가져왔다.

었기 때문에 그 존재 자체는 상당히 잘 알았으나 작용 원리는 여전히 수수께끼로 남아 있었다. 하지만 음식과 음료수에 효모를 넣어 팽창을 유도하는 일은 시행착오를 겪으며 계속 이어졌다. 그러다가 17세기 후반 네덜란드 상인 안토니 판 레이우엔훅이 효모 세포를 최초로 발견했다. 맥주 한 방울을 떨어뜨리고 직접 만든 복합현미경으로 관찰했더니 "매우 둥근" 물체가 보였다. 그중에는 "불규칙한 모양을 가진 것도 다른 것보다 큰 것도 있었다"고 그는 기록했다. "두 개, 세 개 또는 네 개의 (…) 입자가 한데 모인 것"도 있었고 "여섯 개의 소구체가 달라붙어 완전한 한 덩어리의 효모 소구체를 이룬 것"도 있었다.[22]

맥주에 그런 소구체가 있다는 사실을 발견한 것은 효모의 작용 원리 이해에 한 걸음 더 가까이 다가갔음을 뜻하는 발전이다. 하지만 이것이 왜 나타났는지 밝히려면 아직 한참을 더 기다려야 했다. 과학자들이 이 문제를 푸는 동안 양조업자들도 직접 나서서 이런저런 이론을 마구잡이로 들고 나왔다. 마이클 컴브룬이라는 영국 양조업자는 1762년에 출간한 『양조의 이론과 실천』이라는 책에서 "맥아즙 입자들이 합리적인 내적 운동을 지속하면서 점점 이전 상태에서 벗어나며, 상당한 정도로 분리가 일어나고 나면 이 입자들이 전과 다른 순서와 조합으로 재결합해 새로운 복합물을 만든다"는 다소 황당한 주장을 했다.[23] 그에게 발효는 영원히 지속되는 과정, 멈추지 않는 운동이었다. 그는 "이 움직임은 술이 맛있게 익은 뒤에도 계속 이어지는 게 확실하다. 모든 부패는 지속된 발효와 다름없기 때문이다"라고 결론지었다. 그리고 "입자들이 더 잘게 쪼개질수록 더 톡 쏘는 맛이 나고 우리 몸속에 들어갔을 때 소화도 더 잘될 것이다"라는 말까지 덧붙였다.[24]

당시 사람들에겐 맥주를 만들 때 효모를 넣어야 한다는 사실도 도무지 이해할 수 없었지만, 와인을 만들 때는 효모를 넣지 않아도 저절로 발효가 이루어진다는 사실 역시 이해할 수 없는 일이기는 마찬가지였다. 컴브룬은 이 차이를 설명하고자, 와인 발효 과정에서는 애초에 다양한 필수 입자가 운동을 지속하는 데 충분한 열이 내재된 반면, 맥주 발효 과정에서는 끓이고 굽는 형태로 열에 노출시키는데 이때 맥아즙에서 공기가 제거되기 때문에 효모라는 촉매제가 필요하다고 주장했다. 컴브룬은 효모를 단계적으로 넣어 "기포가 한꺼번에 다 터지게 만들어서 자연의 목표인 점진적 활동을 막아야 한다"고 생각했다.[25] 이 애매모호한 설명은 혼란을 더는 데 별다른 역할을 못 했지만, 특정 식음료를 만들 때 특정 미생물이 필요한 이유를 발견하려는 하나의 진지한 시도였던 것만은 분명하다.

19세기로 넘어오면서 이런 시도는 점점 더 잦아졌다. 리처드 섀넌은 1805년에 쓴 『양조에 관한 실용 논문』에서, 발효는 "충분한 물이 있을 때 자연이 발효 가능한 물질의 구성물을 분해하고 재결합하는 방법"이며, "호흡과 관련된 방법이자 (…) 낮은 형태의 연소임이 분명하다"라고 썼다.[26] 한편, 윌리엄 로버츠는 당시의 연구 현황을 혹독하게 평가했다. 1847년에 쓴 『스코틀랜드 맥주 양조장』에서 그는 발효는 "그 원칙과 관련된 수수께끼가, 계속해서 뚫리지 않는 장벽이 되고 있다"면서 "이 복잡 미묘한 주제를 포괄적으로 설명했다고 단언하는 이들"은 자기 이론이 그저 "무지와 막연한 추정임"을 증명했을 뿐이라고 가차없이 비난했다.[27]

맥주라는 영약에서 이 매개체가 하는 일은 1855년이 돼서야 정확히 설명되었다. 이해에 프랑스의 기계공학자 샤를 카냐르 드라투르는 발효가 이루어지는 동안 효모가 어떻게 변하는지를 현미경으로 추적 관찰했다. 그 결과 그는 효모가 식물과 비슷한 살아 있는 유기체로, 알코올 발효를 일으킬 수 있다고 주장했다.[28] 그로부터 2년 뒤에 독일의 영향력 있는 과학자 테오도어 슈반 역시 살아 있는 효모 덩어리가 활동한 결과물이 알코올 발효임을 보여줌으로써 같은 결론에 도달했다. 그는 사탕수수 설탕 용액을 만들어 두 종류의 공기에 노출시켰다. 하나는 자신이 분리해낸 뜨거운 공기였고 다른 하나는 그냥 주변에서 채취한 공기였다.[29] 그랬더니 뜨거운 공기를 주입한 용액은 발효하지 않은 반면 주변 공기를 주입한 용액은 발효했다. 그는 또 효모가 발아하는 모습뿐 아니라 '한 세포 안에 여러 개의 세포가 있는 모습', 즉 포자를 형성하는 모습도 관찰했다.[30] 요컨대 슈반은 맛난 식품들이 만들어지는 데 관여하는 미생물의 생물학적 작용을 엿본 것이다. 이 미생물에 그는 설탕 버섯Zuckerpilz이란 이름을 붙였다.[31]

그러나 카냐르 드라투르와 슈반의 이론은 수많은 이론 중 일부일 뿐이었다. 이 이론을 세운 이들은 발효가 순전히 화학적 과정이라고 주장하는 이들과 맞서 싸워야 했다. 생화학자 아서 하든이 '화학 세상의 심판자이자 독재자'라 부른 스웨덴 백작 옌스 야코브 베르셀리우스는 발효에서 효모가 하는 역할을 인정했지만 "알루미나 침전물만큼이나 살아 있는 유기체가 아니다"라고 썼다.[32] 베르셀리우스는 효모가 "실험 온도에서 보통 잠잠하던, 효모와 아무 친화성도 없던 물질을 활성화시켜 친화성을 띠게 만드는 촉매력"이라 여겼고, "이 촉매력에 자극 받은 복합물의 구성요소들이 다른 방식으로 정렬되면서 훨씬 더 활발한 전기화학적 중화가 일어난다"고 생각했다.[33] 말하자면 효모는 알코올 생산을 촉발시키는 것이지, 스스로 알코올을 만들어내지는 않는다는 이야기였다.

파스퇴르의 적수 유스투스 폰 리비히는 발효가 순전히 화학

엔스 야코브 베르셀리우스는 초
창기 화학 분야에서 상당한 영향
력을 발휘했다. 그는 다양한 발효
식음료에서 관찰된 효모는 발효
과정에서 작용제가 아니라 촉매
제 역할을 한다고 생각했고, 당대
의 다른 주요 화학자들도 그렇게
생각했다. 나중에 파스퇴르와 한
센이 각기 새로운 사실을 발견해
내면서 이런 관점은 완전히 뒤집
힌다.

적 현상이라고 보았다. 그는 이 발효 과정이 "질소와 당분을 함
유한 식물의 즙이 공기에 닿아 활성화되면서 당분 속에 든 탄소
가 이산화탄소와 알코올로 전환되는 과정"이라고 믿었다.[34] 다시
말해, 식물의 즙에 축적돼 있던 질소가 공기에 닿아 불안정해지
면서 "당분까지 불안정하게 만들어 발효를 일으킨다"는 논리였
다.[35] 그는 이 현상을 살아 있는 유기체가 활동하여 일으킨 변화
가 아니라 부패의 산물이라고 여겼다.[36] 당시에는 리비히의 주장
이 어느 정도 받아들여졌지만, 19세기 중반에 와서는 대부분의
과학자들이 효모는 살아 있는 유기체이고 성공적인 양조 과정
에 꼭 필요한 요소라는 카냐르 드라투르의 말에 동의하게 됐다.

파스퇴르는 1860년에 알코올 발효에 대해 쓴 논문에서 이 점
을 강조했다. 그는 "발효에서 화학 작용은 반드시 생물학적 작용

과 관련된 현상으로, 전자는 언제나 후자로 인해 시작되고 중단된다"라고, "나는 알코올 발효가 세포의 형성, 발전, 증식이나 기존 세포의 지속적인 생존 없이는 절대 일어나지 않는다고 생각한다"[37]라고 썼다. 요컨대 파스퇴르는 생물체 없이는 절대 발효가 일어날 수 없다고 믿었고 맥주에서 이 생물체는 효모였다.

파스퇴르와 의견을 같이한 과학자들은 효모가 마치 단일 개체인 양 이야기했지만 미생물의 한 종류인 효모는 실제로는 엄청나게 다종다양했다. 파스퇴르는 이런 사실을 알았지만 굳이 이 유기물을 구분하거나 분류하려고 시도한 적은 없었다. 그가 맥주의 부패에 관해 쓴 회고록에도 "연구할 기회가 있었던 다른 미생물과 마찬가지로 이들 다양한 효모에도 일일이 특정 이름을 붙이지는 않았다"[38]라는 대목이 나온다.

하지만 파스퇴르는 자신이 맥주 부패의 원인이라고 생각한 미생물을 찾아내는 데는 엄청난 노력을 기울였다. 결국 그 미생물을 찾아냈고, 그후로는 온전히 맥주 발효에 관여하는 효모 균주를 찾기 시작했다. 그는 현미경을 들고, 자기네가 만든 흑맥주의 품질에 불만을 가진 런던의 양조업자들을 직접 찾아가서, 그들에게 "변질된 맥주에 나타나는 실 같은 것"을 보여주면서 문제는 효모를 배양하는 방식이라고 말해주었다.[39] 질 좋은 흑맥주를 만들려면 효모가 오염되지 않도록 관리하는 일이 필수적이었다. 그는 다음과 같이 썼다.

이 방법은 알코올 발효 시에 다른 발효가 같이 일어나지 않는 한

맥주에서 불쾌한 맛이 나지 않음을 입증하기 위한 것이다. 맥아
즙의 경우도 마찬가지다. 효모만이 아니라 나쁜 미생물에게도 좋
은 자양분이자 서식처가 되어 변질되기 쉬우므로, 이들 나쁜 미
생물이 침범하지 못하도록 깨끗하게 유지하면 맥아즙 역시 원래
상태 그대로 보존할 수 있을 것이다.[40]

하지만 자신이 말한 방법만으로는 완전무결한 맥주 효모가
배양되지 않았다. 그래서 그는 멸균 도구로 배양 효모 일부를 무
균 액체 배지에 집어넣었다. 그리고 배양 튜브의 탁도가 깨끗하
게 자란 듯 보이는 효모를 또다른 무균 배지에 집어넣었다.[41] 이
과정을 수차례 거치면 한 가지 순수한 배양 미생물만 남으리라
고 파스퇴르는 믿었다. 현미경으로 관찰해보니 예측이 맞아떨어
지는 듯했다. 하지만 순수한 효모를 배양하는 일은 언제나 운에
달려 있었다. 오늘날 '농화 배양enrichment cultures'이라 부르는 이
방법은 맥주의 촉감, 냄새, 맛은 더 좋게 해줄지라도 자연이 잘
따라주지 않을 때가 있어서 양조 제국을 만드는 데는 적합하지
않은 게 사실이다.[42]
　세상을 정복할 맥주 효모를 따로 분리해내는 일은 에밀 크리
스티안 한센의 노력이 결실을 거둘 때까지 기다려야 했다. 세균
오염에 대한 파스퇴르의 연구를 출발점으로 삼은 한센은 두 가
지 중대한 발견을 한다. 하나는 양조 과정에서 두 종류의 효모
가 서로 협력한다는 사실이었고, 다른 하나는 야생 효모가 침범
해 발효를 망칠 수 있다는 사실이었다. 한센은, 얼핏 서로 대동

소이해 보이지만 효모 균주마다 생리학적으로 다른 특징을 가진다는 사실도 알아냈다. 파스퇴르도 이런 사실을 인지는 했지만, 한센과는 달리 그 의미를 굳이 진지하게 생각해보진 않았다. 한센은 크기, 모양, 색이 똑같은 두 가지 미생물이 각기 다른 화학 반응을 일으킬 수도 있다고 생각했고, 이런 가정 하에 다양한 효모 균주를 분류하고 식별하는 방법을 개발했다.

그런데 그의 이런 노력은 곧 심각한 도전에 직면했다. 사방에서 교차 오염이 일어난 것이다. 칼스베르 맥주 양조장 일꾼들이 일상적으로 하는 행동이 그의 실험실에까지 영향을 미친 탓이었다. "사용한 효모를 마당에 쏟을 때가 있는데 그러면 그 일부가 일꾼들의 부츠에 묻어 발효실로 유입된다. 또는 말라서 먼지가 되어, 바람에 실려와 냉각 용기에 내려앉는다."[43] 그렇게 문제가 시작된다. 처음엔 효모가 천천히 작용하지만 너무 많은 야생 효모가 첨가 효모 배지, 즉 배양 효모를 넣은 맥아즙에 쌓이면 맥아즙 전체가 오염되고, "그 순간부터 발효가 맹렬히 일어나 곧 양조장의 맥주 전체가 감염된다"고 한센은 썼다.[44]

한센은 자신의 양조장 실험실에서 순수 배양균을 얻는 방법을 재빨리 찾아내고 싶은 충동을 억눌렀다. 그는 습한 무균실에서, 혈구계수기처럼 눈금이 표시된 현미경 덮개유리 밑면에 효모 한 방울을 놓아두고 관찰했다. 만약 그 방울 안에 세포 스무 개가 들어 있었다면 40밀리리터의 물에 같은 크기의 효모 방울을 추가했다. 그런 다음 이 엄청나게 희석된 효모 물을 1밀리리터씩 멸균맥아즙(발효되지 않은 맥주)이 든 플라스크 여러 개에 넣었다. 그리고 그 안에 들어간, 아마도 세 개는 넘지 않을 세포들이 바닥에 가라앉아 각각 독립된 위치에 있도록 플라스크들을 그대로 놓아두었다. 며칠이 지나자 세포들이 눈에 띄게 자랐다. 이때 자라는 세포가 하나뿐이면 자신이 순수 효모균 분리에 성공한 것이라고 그는 결론지었다.[45]

한센은 액체 배지로 실험했는데 이것은 통제하기 까다로울 때가 많았다. 다행히 독일의 유명한 세균학자 로베르트 코흐가 더 쉬운 방법을 찾아냈다. 그는 영양 가득한 육수에서 자라는 세균을 연구하고 싶어했는데, 이 액체 배지가 다루기 쉽지 않다는 게 문제였다. 하지만 그는 한 가지 해결책을 떠올렸다. 이 육수를 액체에서 고체로 바꾸는 방법이었다. 이것이야말로 진정한 돌파구였다. 이 방법은 모든 종류의 미생물에 적용해 너무도 손쉽게 순수 배양균을 얻을 수 있었기에 누구든지 시도할 수 있었다.[46] 게다가 이 방법으로 공기, 물, 흙 그리고 아마도 가장 중요한 음식 등 다양한 샘플에서 찾아낸 미생물의 수와 종류도 확인할 수 있었다.[47]

비밀은 은염silver salt에 있었다. 코흐는 한센 등이 사용한 배지 대신 은염을 여러 멸균 접시에 담고, 오염되지 않도록 모두 종 모양의 항아리로 덮어두었다. 그리고 바늘이나 백금 철사로 이 은염 배지의 전 표면에 균을 접종한 다음 균이 자라기를 기다렸다. 그러다 균이 어느 정도 증식하면 그걸 시험관 속 영양 젤라틴으로 옮긴 다음 입구를 무명으로 봉했다. 너무도 새로운 코흐의 접근법에 당시 자국의 패전으로 독일에 여전히 적개심을 품

1885년, 자신의 실험실에서 실험중인 로베르트 코흐. 이 존경받는 독일 과학자는 다양한 균을 손쉽게 배양하는 방법을 발견해 세균학 분야에서 획기적인 돌파구를 마련했다.

고 있던 파스퇴르조차 "대단한 발전을 이뤄냈다"고 찬사를 보낼 정도였다.[48]

코흐는 자신이 개발한 방법을 논문으로 써서 1881년에 발표했고 이 논문은 이른바 '세균학의 성경'이 되었다.[49] 코흐는 '파스퇴르 학파'가 부정확한 방법을 사용한다고 비판하면서 "그들이 자기네 주장대로 광견병, 양두, 결핵 등의 균을 순수하게 추출했는지 의심스럽다"고 썼다.[50] 그는 "순수 배양균은 모든 감염병 연구의 기초"라고 공언했고 많은 과학자들이 이 말에 주목했다.[51] 1882년에 한센은 자신의 연구 방법을 개선하기 위해 코흐의 베를린 실험실을 방문했다. 그리고 여기서 얻은 지식을 활용해 잘 분리해낸 균을 젤라틴 위에 접종한 다음 유리 뚜껑을 덮어 배양했다. 이때 그는 단일 세포에서 자란 세포군만 멸균 배지에 접종

했다.[52]

얼마 지나지 않아 칼스베르 양조장의 맥주에서 불쾌한 냄새
와 쓴맛이 났다. 한센은 이미 양조장에서 몇 종류의 순수 효모
균주를 채취해 배양해둔 터라 재빨리 범인을 찾아낼 수 있었다.
그는 이 효모균을 사카로미세스 파스토리아누스Saccharomyces pasto-
rianus라고 불렀다.[53] 수십 년 전 뮌헨의 슈파텐 양조장에서 가져
온 효모가 이 균주에 오염된 것이다. 조사해보니 이 균은 근처
과수원에서 서식하는 효모균과 일치했다.[54] 한센은 이전 연구를
통해 어떤 균주는 불쾌한 맛과 냄새를 만들어낼 수도 있다는 걸
알았기에, 이를 바탕으로 순수 배양균의 형태학 및 생리학적 연
구를 시작했다. 그리하여, 포자 형성에는 특정 기온과 일정한 시
간이 필요하고 그 조건이 충족되지 않으면 불필요한 균주가 생
기지 않는다는 사실을 밝혀냈다. 또한 세포막 형성 조건이나 다
양한 당류에 대한 반응, 발효 결과물의 차이 같은 다른 특징들
도 찾아냈다.[55] 이런 특징을 기초로 그는 칼스베르 양조장 효모
에서 네 종류의 사카로미세스 균주를 분리해냈다. 그중 오직 한
종류만이 풍미 있는 맥주를 만들어냈는데 이것은 나중에 '칼스
베르의 1번 하면 효모bottom yeast'로 알려졌다. 마침내 순수 배양
균을 얻은 것이다. 양조업자들은 이 과정을 통해, 믿을 만한 맥
주를 만드는 효모를 표준화하고 나쁜 향미를 내는 균주를 제거
할 수 있게 되었다.

한센의 연구에 투자한 J. C. 야콥센은 결국 충분한 보상을 받
았다. 옛 칼스베르 양조장은 1883년 11월 12일에 이 새 순수 균

주로 만든 첫 맥주를 생산했고,[56] 1884년에는 2천만 리터에 달하는 맥주 전부를 한센의 순수 효모 균주로 생산했다. 그 품질은 국내외 모든 소비자의 입맛을 만족시킬 정도였다. 이에 야콥센은 얼마나 자신감이 넘쳤던지, 자신의 전 양조장 맥주를 책임지는 효모 샘플을 필요한 사람에게 무료로 마구 나눠줄 정도였다. 덕분에 양조 산업 전체가 전례 없는 활황을 맞이했으니, 그의 이런 결정은 사실 사업적인 면에서는 잘한 결정이라고 할 수 없었다. 1888년에 와서는 칼스베르의 1번 하면 효모가 덴마크, 노르웨이, 스웨덴, 핀란드, 오스트리아–헝가리 제국, 스위스, 이탈리아, 프랑스, 벨기에, 북미의 양조장은 물론이고 아시아, 호주, 남미 양조장에서까지 사용되기에 이른다.[57]

이와 더불어 한센의 위상도 높아졌다. 알코올 중독자 아버지와 평생을 노동에 혹사당한 어머니를 보살피며 인생을 살아온, 이 지칠 줄 모르는 몽상가는 이제 수많은 과학자들이 '한센법'을 배우겠다고 줄 서는 모습을 보게 되었다. 웁살라대학과 제네바대학 그리고 빈기술대학에서는 그에게 명예박사 학위를 수여했다.[58] 덴마크 왕 크리스티안 9세는 그를 단네브로 기사로, 크리스티안 9세의 아들이자 나중에 왕위를 계승한 프레데리크 8세는 그를 단네브로 사령관으로 임명했다. 칼스베르 창립자의 아들로 회사를 물려받은 칼 야콥센은 그에게 금메달을 수여했다. 그가 잠깐 병상 생활을 하다가 죽음을 맞이했을 때, 최고의 권위를 자랑하는 과학 잡지 『네이처』는 한 페이지 전체를 할애해 그를 추모했다.

덴마크 코펜하겐 안팎에 마차로 칼스베르 맥주 통을 실어나르는 모습. 이 양조장에서 고용한 미생물학자 에밀 한센이 찾아낸 돌파구 덕분에 그 소유주는 국내외 시장에서 고품질 맥주를 안정적으로 대폭 공급할 수 있게 되었다.

기술은 이제 양조 산업의 가장 중요한 자산이 되었다. 덕분에 사카로미세스 세레비시에라는 학명이 붙은 효모를 길들여 맥주 맛의 신기원을 열었다. 하지만 기술이 발전하면서 엄청난 규모의 자본이 투입됐다. 1870년대부터 사용한 냉장 설비나 증기 기계를 갖출 여력이 안 되는 양조장은 시장에서 설 자리를 잃었고, 그 결과 다양한 개성을 지닌 맥주들이 자취를 감추었다. 예를 들어 본래 수백 종에 달하던 네덜란드 맥주는 수십 종으로 확 줄어들었다. 런던에서는 위트브레드나 바클리 퍼킨스, 더블린에서는 기네스, 미국에서는 세인트루이스에 본사를 둔 앤하이저부시 같은 거대 기업이 맥주 시장을 장악했다.[58] 색이 밝고 탄산 거품이 많이 섞인 라거가 인기를 얻으면서 색이 진하고 향이 강한

20세기 중반의 린골드 맥주 광고 포스터. 뉴욕에 본사를 둔 이 기업형 양조장은 1976년 운영을 중단하긴 했으나, 대량 판매를 위해 검증된 방식을 활용함으로써 초창기 라거 맥주 생산의 발전에 공헌한 여러 기업 중 하나다.

에일은 찾는 사람이 급속히 줄었나. 선자는 맛은 좋아도 개성이 덜한 느낌이었다(오직 벨기에 사람들만이 이 너무 빤하지 않은 맛을 내는 상면발효 효모를 여전히 좋아했다). 양조업자들은 파스퇴르 살균법, 즉 저온 살균법을 활용해 발효를 더 잘 통제하고 쌀이나 옥수수 같은 저렴한 곡물을 부원료로 사용함으로써, 새로워진 맥주에 사람들이 더 쉽게 접근하도록 만들었다. 표준화라는 말이 표어가 되었고, 그 결과 생산량은 늘고 다양성은 줄어들었다. 맥주를 마시는 경험은 이제 점점 누구에게나 동일하고 뻔한 일이 됐다.

또 술에 취하는 일은 더 외로운 일이 되었다. 19세기 말부터 생산된 병맥주 덕분에 맥주 애호가들이 집에서 술을 마시게 됐기 때문이다. 일을 마치고 나서 500밀리리터 맥주 한 잔을 마신다는 핑계로 선술집으로 달려가 몇 시간이고 주흥을 즐기던 역사는 이제 사라졌다. 20세기 중반 들어서는 텔레비전 화면이, 많은 맥주 애호가들의 유일한 친구가 되었다.

다음 장에서 살펴보겠지만, 기술 발전은 또다른 산업에도 최고의 자산이 되었다. 맥주와 마찬가지로, 제빵에 필수 요소인 미생물을 더 잘 이해하게 되면서, 집에서 만들어 먹던 빵 역시 돈을 주고 사 먹는 상품이 되었다.

3.

오븐 숭배

고대부터 현재까지,
맛 좋고 서글픈 빵의 역사

FERMENTED

FOODS

Fermented Foods

바다코끼리가 말했다.

"우리에게 가장 필요한 건 빵 한 덩이지."

—루이스 캐럴, 『바다코끼리와 목수』[1]

1880년에서 1900년 사이에 과학자들은 에밀 한센이 개발한
방법으로 효모균 130종의 정체를 밝혀냈다.[2] 이 지식은 와인,
맥주, 빵 등의 식품 생산에 혁명적인 결과를 가져왔다. 하지만
이 혁명은, 빵에 든 효모균이 위험할 뿐 아니라 심지어 치명적이
라고 생각한 사람들의 저항에 직면했다. 그들은 이 살아 있는 발
효제에 대해 경고하는 한편, 생명이 없는 대체물을 계속해서 찾
았다.

이븐 호스퍼드 역시 그런 효모 공포를 가진 사람이었다.
1847년에 그는 하버드대학에 미국 최초의 분석화학 실험실을

만들고 실용적인 과학 연구에 헌신했다. 자기 학생들을 지역 유리 공장, 비누 공장, 정유소 같은 산업단지에 데리고 다니면서 견학시켰다.[3] 하지만 그는 자신을 고용한 학교에서 학부를 다니지도 않았고 학교 이사나 선배 교수의 딸과 결혼한 것도 아니었기에, 항상 겉도는 듯한 기분에 시달렸다. 답답한 분위기 속에서 힘들어하던 그는 자연스레 다른 곳에서 일할 기회에 이끌렸다.

1854년에 호스퍼드는 로드아일랜드주 프로비던스 출신의 두 남자 조지 F. 윌슨, J. B. 더건과 함께 사업을 시작했다. 그들은 여러 가지를 만들었는데 베이킹파우더도 그중 하나였다. 1855년 윌슨 더건 회사—호스퍼드사—는 로드아일랜드주의 플레전트밸리에 공장을 짓고 생산에 들어갔다.

과학에 대한 호스퍼드의 사업적 시각은 파스퇴르와 고집스럽게 언쟁을 벌였던, 언제나 활력 넘치는 그의 스승 유스투스 폰 리비히에게 이어받은 것이다. 호스퍼드는 1844년부터 1846년까지 리비히와 함께 연구 생활을 했는데 당시 리비히의 두번째 미국 제자였다. 이 경험은 그에게 깊은 인상을 남겼다. 스승은 그에게 화학을 가장 쓸모 있게 활용하는 방법은 인간의 조건을 향상시키는 데 사용하는 것이며, 그러려면 대학 실험실보다 공장 바닥에서 돕는 편이 더 좋다고 가르쳤다.

때마침 사업 머리가 있던 호스퍼드는 플레전트밸리 공장이 문을 연 1856년에 인산이수소칼슘monocalcium phosphate을 만들어 특허권을 땄다. 이것은 베이킹파우더에 들어가는 주석영cream of tartar을 대체한 화학물질로, 그는 이것을 중탄산소다bicarbonate of soda(베이킹소다)와 결합시키고 이 혼합물을 '효모 파우더'라고 명명했다. 비록 그 성질은 이름과 아무 관련이 없었지만 말이다.

이 잘못된 명칭은 호스퍼드가 의도한 것이었다. 리비히처럼 그 역시 효모, 사실상 모든 곰팡이균이 위험하다고 생각했기 때문이다. 1861년에 쓴 『제빵의 이론과 기술』에서 그는 자연 팽창제보다 화학 팽창제가 더 낫다면서, "미생물이 다양한 형태의 효모로 존재한다는 사실은 이미 확인됐으며 이는 부패 작용으로 생긴 것"이라고 주장했다. 그리고 "빵 굽는 열에 파괴되지 않고 살아남은 효모와 발효물이 유통 과정에서 나쁜 작용을 일으킬 가능성이 있음은 어렵지 않게 추측할 수 있다"고도 썼다.[4] 겉으로는 무해해 보이는 빵 덩어리에 이렇게 찜찜한 부패균 수백만 마리가 들어 있을 수 있다니. 빵을 만들 때 균을 아예 사용하지 않는 한 빵에서 이런 균이 절대 나오지 않게 막을 방법은 없었고, 그렇게 효모는 가장 경계해야 할 적이 되었다.

생물학적 발효제에 대한 불안이 점점 커지면서, 호스퍼드의 화학적 대안은 이미 소비자들의 호응을 받을 준비가 된 셈이었다. 위생 혁명은 진작 시작되었고 윌슨 더건 회사는 이를 활용해 이윤을 창출할 계획이었다. 실제로 회사가 상당히 커지자 이들은 1858년에 회사 이름을 럼퍼드 케미컬 웍스로 바꾸고 이 새로운 화학물을 베이킹파우더라는 옛 이름으로 계속 생산했다. 이 상품은 지금까지도 버젓이 슈퍼마켓 진열대를 장식하고 있다.

럼포드의 경쟁사들도 달려들어 이 공포 부추기기 판매 전략을 공고히 하는 데 기여했다. 이 업계의 또다른 주요 미국 회사

하버드대학의 화학자 이븐 호스퍼드. 그는 효모가 해로운 존재라 빵 등에 사용하는 일은 피하는 게 좋다고 믿었다. 그래서 학계를 떠나 두 사업 파트너와 손잡고, 훗날 럼퍼드 케미컬 웍스라는 이름으로 사람들에게 알려지게 될 회사를 만들어 베이킹파우더라는 화학적 대체물을 개발했다.

인 로열 베이킹파우더 역시 자기네 제품이 소비자의 건강을 지켜줄 뿐 아니라 빵을 더 쉽게 굽게 해서 시간을 절약시켜준다고 사람들을 열심히 설득했다. 이런 메시지는 농담책, 색칠공부책, 노래책, 문진과 자기 그릇 그리고 전달에 가장 효과적인 회사 출간 요리책에 들어갔다. 예를 들어 『왕실 제빵사와 제빵』이라는 요리책에는 회사가 효모와 대립하는 내용이 담겨 있다.

처음에 사람들은 빵을 만들 때 팽창제를 쓰지 않고 무겁고 단단하게 만들었다. 이후 문명 세계에서 효모를 발견하여 발효 빵을 만들어 먹었고, 그러다 마침내 팽창제 중 가장 건강에 좋고 경제적이고 편리한 물질인 베이킹파우더를 만들어냈다.

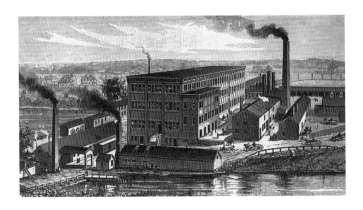

럼퍼드 케미컬 웍스. 처음에 윌슨 더건 회사라는 이름으로 설립된 이 회사는, 효모가 빵에서 가장 해로운 오염물질이라는 당시의 믿음을 이용해, 그 인공 대체물인 베이킹파우더에 대한 수요를 단번에 끌어올렸다. 성공은 그 뒤로도 계속 이어졌는데, 오늘날 슈퍼마켓 진열대에서도 그 사실을 확인할 수 있다.

이 책은, 베이킹파우더의 원시적 선구자라 할 만한 "효모는 살아 있는 식물이므로, 반죽에 섞었을 때 팽창되는 과정에서 발효 현상을 일으키면서 반죽의 일부를 파괴하지만", 베이킹파우더는 "반죽을 파괴하지 않으면서 똑같은 작용을 한다"고 주장한다. 게다가 "빵 반죽이 저절로 섞여 오븐에 구울 만한 상태가 되기 때문에 손으로 섞거나 치댈 필요도 하룻밤 기다릴 필요도 없다"고도 했다.[5] 주부들은 베이킹파우더를 쓰면 영양 면에서나 편리함 면에서나 훨씬 낫다는 생각을 점점 더 굳히게 되었다.

효모를 향한 비난은 집에서 계속 천연 발효 빵을 만들려는 사람에게 타격을 주었다. 대부분의 생물체와 마찬가지로 효모가

프라이스 베이킹파우더 팩토리에서 만든 요리책 표지. 제조업체들은 이런 요리책을 출간해 자신들의 상품을 대중에 각인시켰을 뿐 아니라, 그들이 꾸준히 악마화해온 천연 효모를 대신해 자기네 제품을 일상적으로 사용하게 하는 기회로 삼았다.

번식하려면 특별한 조건이 필요했다. 게다가 발효 작용에는 제법 시간이 걸렸다. 반죽도 발효시에 만들어지는 이산화탄소를 머금을 정도로 탄성이 강해야 했는데, 이는 글루텐을 만들기 위해 반죽을 오래 치대야 한다는 뜻이었다. 하지만 베이킹파우더를 사용하면 그런 별난 조건들을 맞출 필요가 없었다. 베이킹파우더는 생물이 아니라 화학물이기에 더 예측 가능하고 일관되게 작용했는데, 주로 탄산수소나트륨과 산성염 간의 산-염기 반응으로 이산화탄소를 방출해 반죽을 부풀렸다. 이는 대충 섞어 탄성도 거의 없는 반죽을 별 힘도 들이지 않고 곧바로 폭신폭신하게 부풀릴 수 있다는 뜻이었다. 베이킹파우더는 위생과 편의성이라는 장점을 등에 업고, 수천 년 전부터 만들어오던 제빵법을 뒤엎어버렸다.

편리하고 예측 가능한 베이킹파우더는 제빵에서 효모의 입지를 완전히 위협했다. 그럼에도 수백 년 동안 폭신한 빵을 만드는 데는 효모가 절대적이었다. 물론 효모는 생물체이니만큼 다루기 성가실 수도 있다. 따라서 빵 만드는 사람은 이 성분의 본성과 행태를 제대로 이해하고 다룰 줄 알아야 한다.

한마디로 말해 효모는 출아법으로 생식하는 난형 곰팡이 세포다.[6] 단세포체인 효모는 편모가 없어 혼자서는 움직일 수 없다. 지름이 0.004밀리미터로 세균(박테리아)의 4배, 적혈구의 절반에 불과할 정도로 작다.

우리 인간과도 닮은 점이 있다. 인간과 마찬가지로 효모 역시 진핵생물로, DNA를 함유한 세포핵을 지닌다. 효모는 당분을 섭취하면 각 세포가 한두 시간 동안 부풀어올랐다가 표면의 일부가 싹이 나듯 툭 튀어나온다. 모세포가 딸세포를 낳고 나면 두 세포 모두에 출아 자국이 남는다. 하지만 이는 의인화한 설명일 뿐, 효모는 남자도 여자도 아니다. 겉보기엔 완전히 똑같아 보이

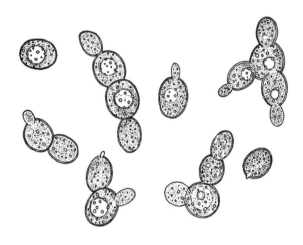

효모 세포의 생식. 몇몇 세포에 작게 톡 튀어나온 것이 돌기 또는 싹이라고 불리는 딸세포이다. 이것들은 효모 세포로 자라서 또다시 자손을 만들어낸다.

는 두 가지 무성 효모 세포가 특별한 화학적 유인 물질을 내뿜는 싹을 만들어내 생식 작용을 하는 것이다. 요컨대 효모 세포는 냄새로 적합한 생식 상대를 찾아낸다고 할 수 있다.[7]

빵을 부풀리고 맥주를 술로 만드는 효모는, 폐기물을 분해하고 영양분을 재활용하는 보잘것없는 일을 수행하는 효모보다 관심을 더 많이 받는 경향이 있다. 하지만 세균과 마찬가지로 효모도 분해자다. 그리고 어디에나 다 있다. 전 세계 강에는 약 1000조 개의 효모 세포가 살고, 호수에는 더 많은 효모 세포가, 바다에는 그보다 훨씬 더 많은 효모 세포가 사는 것으로 추정된다. 사실 효모가 존재하지 않는 곳은 거의 없다. 생선 내장, 깊은 해저 진흙, 난파선, 심지어 체르노빌의 버려진 원자로 벽에까지 살 정도다. 나뭇잎에도 효모가 바글거린다. 친칠라의 내장에서만 살아가는 종류도 있고, 치즈, 소시지, 시체, 흙에서 자라는 다소 평범한 종류도 있다.[8] 차디찬 빙하 녹은 물이나 공기 중에서도 자란다. 습기는 움직임을 용이하게 하므로 효모는 안개 낀 날씨를 특히 좋아한다. 일부 과학자들은 효모가 곰팡이 포자와 함께 빗방울 형성을 자극한다고 생각한다.[9]

또한 효모는 우리 인간을 집으로 삼아, 우리의 두피와 발, 콧구멍과 귓구멍 속에서까지 살아간다. 이 관계는 출생과 더불어 시작된다. 간혹 칸디다Candida라는 해로운 효모에 침투당한 채로 세상에 태어나는 사람들도 있다. 어머니의 산도를 통과하면서 그곳에 있던 이 효모를 잔뜩 둘러쓴 채로 세상에 나와서다. 이 때문에 가끔 유아의 입안에 하얗게 아구창이 생기기도 한다. 아기 몸의 장내 미생물 생태계microbiome가 적응하면서 이런 증상은 점차 약화되지만 완전히 사라지지는 않는다. 칸디다는 우리 소화기관에서 사는 좋은 세균에 의해 억제된다. 이런 균형이 깨지면 위험한 일이 생길 수도 있다. 이 기회주의적인 효모 칸디다는 복막염, 복부 농양, 심내막염 및 수막염에서부터 간·혈관 염증과 관절염까지 일으키기 때문이다.[10]

효모는 조건이 허용하는 한 거의 모든 곳에서 자란다. 인간의 몸속도 예외가 아니다. 2010년에 61세의 텍사스 남자가 응급실에 실려왔다. 그는 술에 취한 듯 보였고 혈중 알코올 농도가 0.37퍼센트로 상당히 높았지만, 자신은 술을 한 방울도 마시지 않았다고 주장했다. 그러나 평소에도 종종 명확한 이유 없이

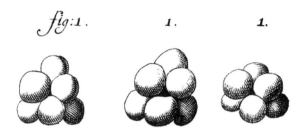

17세기 네덜란드의 렌즈 제작자 안토니 판 레이우엔훅이 그린 효모의 생식. 레이우엔훅은 현미경을 발명해 그전에는 보지 못했던 가장 작은 유기체의 영역을 밝힘으로써 과학적 이해의 혁명을 일으켰다.

취한 사람처럼 보이곤 했다. 식사를 거르거나 운동을 하거나 전날 술을 마실 때마다 이런 일은 더 자주 일어났다. 간호사인 아내는 그의 혈중 알코올 농도를 주기적으로 확인했다. 미국의 음주 운전 기준이 0.08퍼센트인데 그는 이보다 훨씬 높은 수치인 0.33에서 0.40까지 나오기도 했다. 이 불운한 텍사스 남자를 취하게 만든 것은 맥주를 만들고 빵을 굽는 데 쓰는 효모 사카로미세스 세레비시에였다. 수년 전에 복용한 항생제 때문에 보통 이 효모의 활동을 억제하는 미생물이 고갈돼 효모의 수가 왕창 늘어난 것이다. 이 침투력 강한 효모는 그가 섭취한 음식에서 당분을 발효시켜 알코올과 이산화탄소로 만들었다. 말하자면 그의 소화관이 양조장이 된 셈이다. 그는 저탄수화물 중심으로 식단을 바꾸고 곰팡이 제거 약을 꾸준히 복용한 끝에 결국 이 상태에서 벗어날 수 있었다.[11]

효모의 엄청난 생식력은 쉽게 눈에 띄었다. 어느 눈치 빠른 사람은 오븐에 넣을 반죽을 조금 떼어내 두었다가 나중에 새 반죽에 넣으면 반죽이 부풀어오른다는 사실을 알아챘다. 그는 빵 반죽이건 포도즙이건 맥아즙이건 효모가 그 안에서 일단 자리를 잡으면, 새 배지만 정기적으로 넣어주면 영원토록 대를 이어 마법을 부린다는 사실도 알아차렸다. 그리하여 빵 만드는 일은 자고 먹는 일만큼이나 일상의 일부가 됐다.

이집트인은 점점 늘어가는 인구를 먹이는 데 최초로 발효를 활용한 사람들이었다. 그들은 겉껍질이 쉽게 벗겨지는 밀 품종을 키웠고(초창기 야생 품종은 탈곡을 위해 바싹 말려야 했는데, 이 과정에서 글루텐을 만드는 단백질이 변성되었다), 그 가루를 발효시키면 서로 끈끈하게 뭉쳐졌다.[12] 하지만 이 단계까지 거치려면 고된 노동을 해야만 했다. 그래서 빵은 고된 노동을 뜻하는 말로 쓰일 때가 많았다. 곡물 빻는 일은 여성, 노예, 포로가 했다. 고된 노동은 흔적을 남겼다. 이 시기 출토된 유골을 보면 오랫동안 웅크리고 앉아 이 일을 하느라 다리뼈가 구부러진 흔적이 남아 있다. 나중에는 돌 두 덩이로 만든 간단한 방아인 맷돌을 발명하여 사용했는데 덕분에 이 일이 조금은 수월해졌다. 하지만 여전히 힘든 일이었다. 반죽을 치대는 데도 엄청난 신체적 노력이 요구됐다. 기원전 1155년에 죽은 람세스 3세의 무덤에서 나온 부조에는 긴 막대기를 짚고 발로 반죽을 밟아 치대는 두 남자의 모습이 들어가 있다.[13]

이집트에서 만들어 먹은 다양한 빵은 매우 인상적이다. 신왕국 시대(기원전 1539~1075년) 때 이집트인은 40종이 넘는 빵을

고대 이집트의 제빵사들이 어떤 빵을 만드느냐에 따라 다른 자세로 일하는 모습을 표현한 부조들. 신체에 흔적이 남을 정도로 고된 노동이었으나, 이들은 매우 다양한 종류의 빵을 만들어 시장에 내다 팔았다.

골라 먹을 수 있었다. 부자들은 흰 빵에 깨, 버터, 과일로 맛을 내 먹었다. 가난한 사람들은 주로 다른 첨가물 없이 보리로 만든 갈색 빵을 먹었다. 갈색 빵은 밀, 보리와 함께 엠머밀, 스펠트밀, 기장의 한 종류인 두라로도 만들었다.[14] 종잇장처럼 얇게 만든 빵도 두툼하고 큼직한 빵도 있었다.

빵을 만들고 굽는 기술이 끊임없이 개선되고 추가됐다는 사실은 고대 이집트 사회에서 빵이 얼마나 중요했는지를 말해준다. 빵은 단순한 기본 식료품이 아니라 권력자의 권능을 보여줬다. 왕(또는 여왕)은 수중에 제빵 도구가 없는 이들에게 빵을 나눠주었고 노예, 농부, 사제, 병사 할 것 없이 모두 이 빵을 먹었다. 쿠푸의 피라미드Pyramid of Cheops(기원전 2575~2465년) 건설에 참여한 일꾼들은 품삯으로 빵을 받았다. 그들은 하루 12시간에서 18시간 동안 거대한 석회암 덩어리를 끄는 일을 하는 대가로 빵 세 덩이와 맥주 두 항아리 그리고 약간의 양파와 무를 받았다. 용맹함을 보인 사람은 빵을 더 받을 수 있었다. 전설적인 영웅 데디Dedi는 매일 빵 오백 덩이와 맥주 백 항아리를 받았다. 거지도 먹을 빵은 떨어지지 않도록 배려하는 것이 당시의 관습이었다. 이집트에는 "빵을 먹을 때 누가 빈손으로 옆에 있으면 반드시 그에게 권하라"라는 격언이 있다. 현명한 파라오는 힘든 시기를 대비해 빵을 비축해두었다. 기근이 올 때만이 아니라 권력이 약화됐을 때까지 생각한 대비책이었다. 창세기 47장 13~27절에는 기근이 닥치자 이집트에 곡물이 비축돼 있다는 소문이 이웃나라에까지 퍼져, 그들이 파라오에게 좀 나눠달라고 애

결하는 이야기가 나온다.[15]

이집트인은 빵의 중요성을 이해했고, 로마인은 제빵사의 중요
성을 이해했다. 대大플리니우스는 전문적인 제빵사가 로마에서
자리잡은 것은 기원전 2세기경이라고 기록한다. 그리스인, 노예,
자유민, 그 외 로마 사회의 주변인들은 길드, 즉 업종별 조합을
만들어 공동 식사의 형식으로 친목을 도모했고 더 중요하게는
재정적 어려움에 빠진 사람들을 도왔다. 실제로 조합 구성원들
은 사업적으로 성공하는 경우가 많았다. 상당히 크고 잘 보존된
자유민 무덤인 제빵사 마르쿠스 베르길리우스 에우리사케스(기
원전 50~20년)의 무덤에는 이 직업에 대해 상세히 묘사한 돋을
새김 부조가 많다. 질항아리에 똑바로 꽂힌 주걱을 당나귀가 돌
리는 그림이 있는가 하면, 나무 주걱을 든 제빵사가 둥그런 화덕
에서 빵을 꺼내는 그림도, 빵을 한데 쌓아놓고 무게를 재는 그림
도 있다. 에우리사케스가 자신과 자신의 직업에 대해 이런 기념
비를 세운 걸 보면 로마 사회에서 빵이 얼마나 중요했는지 알 수
있다.[16]

빵은 중요한 것이었기에 풍부하게 공급됐다. 빵이 없어서 굶
어 죽는 사람은 거의 없었다. 가난한 사람들은 공짜로 빵을 얻
었고 부자들은 값을 지불해야 했다(부자들의 빵에는 이국적인 재
료를 추가해 대가를 지불할 만한 구성으로 만들었다). 전쟁이 나도
빵 공급만은 중단되지 않았다. 군인들은 휴대용 제빵 도구를 가
지고 전장에 나갔다. 로마인들은 수확량이 떨어져서 빵이 부족
해지는 불행이 닥치지 않도록 신에게 간청하거나 신을 달래는

로마 제빵사 에우리사케스의 무덤을 장식한 부조 그림. 제빵업은 로마 사회의 주변인들이 사회 내에서 존중받고, 연대와 상호원조라는 혜택을 즐기게 해주었다. 조합이 번성한 덕분에 제빵업자들은 이런 혜택을 오랫동안 누렸다.

의식을 치렀다. 그들이 숭배한 포르낙스Fornax라는 화덕의 여신은 가장 중요한 어머니 신 중 하나였다.[17] 해마다 풍작의 여신 케레스Ceres를 기리는 축제도 열었다. 케레스는 추수와 삶과 죽음의 고리를 관장하는 신이었다. 이 화려하고 아름다운 신을 찬양하는 축제에는 노예와 여자와 아이도 모두 참가했다. 빵은 누구나 다 먹기 때문이다.

역사를 살펴보면 로마인만 빵을 귀하게 여긴 게 아니다. 고대 그리스인 역시 봄의 타르겔리아 축제 때 아르테미스와 아폴론 신에게 빵을 제물로 바쳤다. 기독교인들은 빵을 성변화聖變化한 그리스도의 몸이라 여겨 이를 오염시키는 걸 엄청난 신성모독으로 여겼다. 유대인 역시 '오븐 숭배'에 참여하지는 않아도 빵을 만든 신의 은혜에 감사한다. 그들은 빵을 뜯으며 "오, 주여. 이 땅에서 빵이 나게 하신 우리 주님. 우리는 주님의 축복을 받았습니다"라고 베라카(축복의 말)를 한다.

이 땅에서 빵이 나게 한 존재가 신인지는 모르지만, 이걸 식탁에 올리려면 곡물을 빻아 가루부터 만들어야 했다. 처음에는

중세 시대 방앗간 주인이 능숙하게 일하는 모습을 담은 목판화. 속임수를 쓰는 게 아니냐는 의혹 탓에 방앗간 주인은 언제나 불신의 대상이었지만, 그럼에도 불구하고 공동체에 필수불가결한 일을 하는 사람이었다.

여자와 노예가 손으로 곡물을 빻았지만 나중에는 방앗간이 이 일을 했다. 방앗간에서 만들어내는 엄청난 양의 곡물 가루와 그 역할의 중요성 때문에 방앗간 주인은 경이의 대상인 동시에 그보다 더한 불신의 대상이었다. 이민족 사람들은 로마의 방앗간 주인이, 물을 괴롭혀 물레 위로 쏟아지게 만드는 사악한 마법사라고 생각했다. 가끔씩 방앗간이 폭발하면 사람들은 이 이야기를 더욱 확신했다. 사실 이 폭발은 공기에 곡물 가루 밀도가 1제곱미터당 20그램 이상이 될 만큼 높아졌을 때 방아에서 생긴 마찰열이 공기와 만나 연소되면서 일어나는 폭발이었다.[18]

하지만 감히 방앗간에 해를 입히려는 생각을 하는 사람은 없었다. 곡물 가루는 방앗간 주인만이 아니라 공동체 전체를 유지하는 역할을 했기 때문이다. 피터르 브뤼헐의 1564년작 〈갈보리 산으로 가는 행렬The Procession to Calvary〉에는 험준한 바위투성이 산꼭대기에 방앗간이 그려져 있고, 주인이 마을 전체가 내려다보이는 방앗간 근처에 서 있다. 방앗간은 마을 사람들의 생활에 핵심적인 역할을 했지만 마을 경계를 저만치 벗어난 곳에 자리한 경우가 많았다. 그런 이유로, 방앗간 주인은 마을에 없어서는 절대 안 될 사람이었음에도 사회적 지위는 이방인과 비슷했다. 마을 사람들의 시야에서 벗어난 곳에서 곡물 가루를 만드니 사람들은 방앗간에서 무슨 일이 벌어지는지 정확히 알 수 없었다. 그래서 방앗간 주인이 제분을 의뢰받은 곡물을 빼돌리거나 제분 값을 비싸게 받는다고 의심했다. 그런 악행이 더욱 널리 알려진 것은 14세기 영국 시인 제프리 초서의 『캔터베리 이야기』의 공이 매우 크다. 이 이야기에서 초서는 순례자 중 하나인 방앗간 주인을 이렇게 묘사한다. "그는 곡물을 빼돌리고 요금을 세 배로 받을 수 있었다./ 진정한 황금 손가락을 가졌으니." '황금 손가락'이란 표현은, 방앗간 주인이 고객이 가져온 곡물의 무게를 잴 때 제 손가락으로 저울을 슬쩍 눌러 요금이 더 많이 나오게 만든다는 뜻이다.

빵집 주인의 지위는 방앗간 주인보다 약간 높은 정도였다. 로마의 제빵업자 조합은 제국의 쇠락과 함께 수그러들다가 이민족의 침입을 겪고 중세 시대에 접어들면서 완전히 사라졌다. 그러다 중세 시대 때 다시 생겨났다. 헨리 2세의 재무 기록을 보면 런던 제빵업자들이 상인조합을 조직한 기록이 나온다. 1155년에 만들어진 이 상인조합은 갈색 빵을 만드는 제빵업자와 흰 빵을 만드는 제빵업자, 이렇게 두 집단으로 나뉘어 조직되었다.[19] 두 집단 모두 도시와 마을에서 중요한 위치를 차지했다. 13세기의 독일 법서 『작센슈피겔Sachsenspiegel』에는 방앗간 주인을 살해할 경우 일반인을 살해한 경우의 세 배에 달하는 벌금을 내야 한다고 적혀 있다.[20] 이처럼 방앗간 주인은 마을에 없어서는 안 될 존재였지만 사람들의 호의를 얻진 못했다. 스페인에는 "가난한 사람이 울 때 방앗간 주인은 웃는다"라는 속담이 있을 정도다. 방앗간 주인과 마찬가지로 제빵사 역시 의혹의 눈초리를 피하지 못했다. 그들은 무게가 정량보다 모자라는 빵이나 질이 나쁜 곡물 가루로 만든 빵을 파는 식으로 소비자를 속인다는 의심을 받았다.

중세 시대에 새로 생겨난 제빵업자 조합은 감독이 필요했고 유럽 군주들은 이에 응했다. 1266년에 헨리 3세가 만든 빵과 맥주에 관한 법령은 도시와 지방 마을에서 만들어 파는 빵과 맥주의 가격, 무게, 품질을 규정했다. 이런 종류의 법으로는 영국에서 처음 만들어진 이 법령, 품질이 나쁜 빵을 누가 만들었는지 추적하기 위해 제빵사에게 자신이 만든 빵에 특별한 표시를 한 도장을 찍으라고 명했다. 품질 나쁜 빵을 만들었다고 확인된 제빵사는 그 빵을 목에 걸고 거리를 끌려다니는 벌을 받아야 했다. 문제 행위를 한 제빵사는 벌금을 내거나 심지어 빵을 구워 팔 권한 자체를 빼앗기기도 했다. 벌은 지역마다 달랐다. 1280년에 분노한 취리히 시민들은 한 제빵사를 큰 바구니에 들어가게 한 다음 그 바구니를 웅덩이 위에 걸어놓았다. 제빵사 교수대라 부르는 이 바구니에서 벗어나려면 밑에 있는 진흙 웅덩이로 뛰어내리는 수밖에 없었다. 이 굴욕을 겪은 제빵사는 마을 절반을 불태워 복수했다. 그는 이 끔찍한 일을 저지르면서 다음과 같이 외쳤다고 한다. "취리히 사람들에게 말하라. 나는 아직도 웅덩이 물에 젖어 있는 내 옷을 말리고 싶다고."[21]

제빵사는 불신의 대상이기도 했지만 말 못 할 고생길을 걷는 직업이기도 했다. 제빵업은 고대 이집트에서 시작된 이래 변한 게 별로 없었다. 도제 기간이 3~4년이었고 이후 5년 정도를 더 이 마을 저 마을로 떠돌이 생활을 해야 했다. 겉으론 새로운 기술을 배우기 위해서라는 핑계였지만 실제로는 자기 스승과의 경쟁을 피하기 위해서였다. 그 시간이 지나고 적당한 빈자리가 생기면, 자신이 만들어야 하는 빵이 흰 빵이든 갈색 빵이든 단 빵이든 발효 빵이든 상관없이 연회를 열어 조합 사람들과 인사를 나누고, 그 도시의 현 제빵 관련 법령을 준수하겠다고 선언해야 했다. 마을 사람들에게 꾸준히 충분한 빵을 공급하고 품질 및 무게 규정을 준수하겠다고 말이다. 그 대가로 그들은 평생 하루에 18시간씩 일하며(상인 중 제빵사만이 밤까지 일하는 것이 허용됐다) 곡물 가루를 들이마실 권한을 얻었다. 그리고 오랫동안 들이마신 먼지로 천식, 기관지염, 무릎이 뻣뻣해지고 짧아지는 이른바 '제빵사 무릎', 그리고 팔다리 이두근과 가슴의 피지선을 공격하는 습진을 얻었다.[22]

수 세기가 지나 제빵사에 대한 인식도 달라졌다. 농사가 더 예측 가능해지면서 곡물 수확량도 늘었고 따라서 속임수에 대한 유혹도 어느 정도 줄어들었다. 덕분에 이제 제빵사를 감상적으로 바라보는 시선이 의혹의 눈초리를 대신하게 됐다. 20세기 영국 작가 조이스는 자기 아버지가 운영하던 도싯빌리지 빵집을 이렇게 떠올렸다. "추운 날 빵집만큼 환영받는 곳은 없었다. 정말 추운 날에는, 아버지와 이런저런 친분이 있다고 생각하는 사람들이 길을 가다 말고 아버지의 빵집으로 들어와 온기를 쐬며 아버지와 잡담을 나누다가 다시 제 갈 길을 가는 경우가 많았다."[23] 하지만 그대로 남은 것도 있었으니, 그것은 빵 굽기라는 끝 모를 고된 노동이었다. 게다가 이 일의 상당 부분은 최고의 빵을 만드는 데 필수적이지만 종종 불가해하고 변덕스러운 조건들을 통제하는 일에 달려 있었다.

그 과정에서 상당히 애를 먹긴 했지만, 유럽의 제빵사들은 수백 종의 빵을 개발했다. 마을, 도시마다 그 지역을 대표하는 빵이 있었다. 주로 지난번에 구운 빵 반죽에서 조금 떼어둔 발효 반죽으로 만들었다. 그런 빵, 특히 사워도 빵은 복합적이고 풍부한, 매력적인 향과 맛이 났다. 다른 빵들은 양조장에서 가져온 효모로 만들었는데 밤사이에 천천히 부풀어오른 반죽에서 오묘한 향미가 생겨났다. 이렇게 반죽이 준비되면 갖은 모양으로 성형했다. 스위스 바젤의 제빵사들은 비르실트라인Bierschildlein(맥주 자리)이라는 이름의 큰 별 모양 빵을 만들었고, 스페인 마드리드의 제빵사들은 작고 둥근 빵을 만들어 바늘로 아마 증기 분출구 역할을 할 구멍을 냈다.

세계의 다른 곳에서도 자기네 지역에 적합한 모양과 절차로 맛있는 빵을 만들었다. 호주의 소다빵 '댐퍼dampers'는 나무껍질 위에서 반죽을 섞는 것이 특징이었다. 거칠고 만들기 쉬운 댐퍼는, 숲속에서 야영을 하며 그 빵을 만드는 사람과 닮은 구석이 있었다. 에밀 브라운은 1903년에 쓴 책 『빵 만들기』에서 이렇게 썼다. "자연의 단호한 침묵 속에서 무릎을 꿇고 반죽을 치댄다. 이따금씩 밤에는 딩고(호주의 야생 개―옮긴이)의 무시무시한 울음소리가, 낮에는 코카투 앵무새가 비명처럼 내지르는 소리나 캥거루가 껑충껑충 뛰어다니는 소리가 들려올 뿐이다." 유칼립투스 장작불이 다 타고 나면 그 재 위에 '댐퍼 침대'를 올려놓고 빵을 굽는다. 약 10분 정도 지나면 빵이 완성된다. 그러면 캠핑객은 그 빵을 자신이 마지막으로 들른 역에서 구입한 절인 소고기나 신선한 양고기를 곁들여 먹는다.[24]

기후가 덥고 습한 인도 남부에서는 유럽처럼 빵 덩어리를 크게 만들기가 적합하지 않다. 반죽이 너무 빨리 부풀어서 금세 꺼져버리는 탓이다. 따라서 이 지역에서는 주로 쌀을 가지고 크기가 더 작은 빵을 만든다. 예를 들어 폭신폭신한 이들리idli는 이 지역에서 나는 검정 렌틸콩의 껍질을 벗기고 쌀과 함께 가

잎차와 함께 댐퍼를 먹는 호주 사람들.
밀가루, 물, 베이킹소다 그리고 가끔 우
유를 넣고 만드는 이 거친 빵은 외딴 곳
에서 긴 여행을 하는 이들에게 안성맞춤
인 식량이었다.

루로 만들어 찐 다음 동그랗게 빚는다. 그러면 검정 렌틸콩에서 끈적끈적한 점액질이 나와 반죽에 끈기가 생기고, 이걸 구우면 폭신폭신한 빵이 만들어진다. 이들리보다 더 얇고 바삭한 도사dosa는 마찬가지로 검정 렌틸콩과 쌀가루로 만든 반죽을 10시간에서 16시간 동안 발효시킨 후 기름을 두른 프라이팬에 굽는다.[25]

이들리와 도사는 열대 기후를 최대한 활용해 만든 빵이다. 이 빵의 발효 반죽에는 서너 종의 효모도 들어 있지만 젖산균도 잔뜩 들어 있다. 이 모든 균은 검정 렌틸콩과 쌀, 두 재료에서 온 것이다. 같은 위도의 아프리카에도 마찬가지로 즐겨 먹는 빵이 있다. 가나의 코코koko와 켄키kenkey이다. 이들 빵 역시 비슷한 방식으로 만든다. 수수, 기장, 옥수수를 한두 시간 물에 담가뒀다가 으깨어 반죽한 다음 발효시킨다. 이렇게 만든 반죽은 뻑뻑한 죽으로 먹거나 모양을 만들어 구워 먹는데, 후자의 경우 모양을 잡아 바나나 잎에 싸서 끓여 먹는다.[26] 에티오피아 빵 은저라injera도 거의 같은 방식으로 만든다. 자국에서 나는 테프teff라는 곡물로 반죽을 만드는데, 이때 이전 반죽에서 만들어진 에르쇼ersho라는 노르스름한 액체를 넣는다. 이렇게 균을 접종한 반죽을 이틀이나 사흘 정도 두어 발효시켰다가 큰 철판 위에서 굽는다.

이렇듯 인도와 아프리카에서는 주로 각 가정에서 이전 발효 반죽의 일부를 떼두었다가 다음 빵을 만들 때 넣는 식으로 빵을 구웠지만, 영국과 유럽에서는 주로 상업 양조장이나 빵 가게에서 효모를 얻어와 빵을 구웠다. 혁명 전후의 북미에서는 좀 더 독특한 방법을 시도했다. 효모는 번거로운 과정을 거쳐야 얻을 수 있었고, 양조장이나 빵 가게는 주변에 흔치 않았으며, 사워도 효모는 개척자나 이걸로 빵을 만드는 데 익숙한 사람들 말고는 잘 사용하지 않았다. 이런 이유로, 반죽을 부풀릴 때 쓰는 뚜렷이 정해진 기준이 없었다. 오히려 요리책에 다양한 방법이 소개되었다. 당시의 어느 요리책에는 "와인 잔으로, 좋은 양조장의 효모 두 잔이나 집에서 만든 효모 세 잔"을 넣으라고 쓰여 있다. 이런 방법으로 만든 빵도 때로는 쓴맛이나 신맛이 나거나 아니면 다른 문제가 생기곤 했다. 발효에 실패할 경우 문제가 그리 간단치 않았다. 빵이 이들의 주식이기 때문이었다. 당시 4인 가족은 일주일에 평균 12.7킬로그램의 빵을 먹었다. 인당 하루에 500그램이 약간 안 되게 먹었다는 뜻이다.[27]

빵의 수요는 많은데 효모 공급은 한정되어 있기에 미국 주부들은 편리한 베이킹파우더가 만들어지기 훨씬 전부터 이런저런 화학 팽창제 사용을 시도했다. 그러나 그런 팽창제들은 효모에 비하면 그리 만족스럽지 못했다. 버몬트의 새뮤얼 홉킨스는 1790년에 '나뭇재로 진주회pearl ash를 만드는 개선된 방법'으로 특허를 신청했다.[28] 이 진주회는 잿물로 만든 초기 팽창제였던 탄산칼륨으로, 재를 주물 가마에 넣고 끓인 뒤에 태워, 남은 식물성 물질을 제거한 '소금'이다. 그런 처리를 거치고 남은 물질은 황회색을 띤 알갱이였다. 홉킨스가 이런 특허 기술을 발명한 뒤로 이보다 더 개선된 팽창제가 시장에 나왔다. 원시림을 농지로 만드는 과정에서 재료가 충분해진 덕분이었다.

진주회를 넣으면 공기가 많이 생겨 빵이 폭신폭신하고 바삭바삭해져서, 빵만이 아니라 다른 과자류에도 사용됐다. '쿠키'라는 단어가 최초로 등장하는 조리법에도 팽창제로 쓰였고, 해외에서도 인기를 얻었다. 1792년 한 해 동안 미국은 8000톤의 진주회를 유럽에 수출했다.[29]

진주회는 다른 화학 팽창제, 이를테면 산, 알칼리, 미네랄 염, 각종 혼합물 그리고 이것들의 다양한 조합물 등과 더불어 사용됐다. 녹용도 진주회만큼 인기 있었다(스칸디나비아 나라들에서는 얇고 바삭한 과자를 만들 때 아직도 녹용을 쓴다). 녹용에서는 약 28.5퍼센트의 암모니아가 추출되는데, 사람들은 이걸 덩어리로 사서 가루로 갈아 썼다.

화학 팽창제를 만드는 기술이 더 발전된다면 이는 규모가 큰 사업이 될 터였다. 암앤해머의 전신인 처치앤드와이트사는 1846년에 베이킹소다(중탄산소다bicarbonate of soda)를 시장에 내놓았다. 공식적으로는 탄산수소나트륨sodium bicarbonate이라 부른 이 신제품은 곧, 불쾌한 맛을 낼 수 있는 다른 팽창제들을 앞질러 탄산수소칼륨potassium bicarbonate이나 중조saleratus에 필적할 만한 인기를 누렸다. 이 중탄산칼륨이라는 이름은 진주회와 동일하게 쓰였다(당시에는 명칭을 모호하게 섞어 쓰는 경우가 종종 있었다). 그러다가 10년 뒤에 이븐 호스퍼드가 탄산수소나트륨을 인산이수소칼슘monocalcium phosphate과 결합시켜 오늘날 우리에게 친숙한 베이킹파우더라는 화학적 효모 대체물을 고안해내기에 이르렀다.

주부들은 호스퍼드의 혁신적인 발명품에 적극 호응했다. 이 팽창제 덕분에 효모로 빵이나 케이크 반죽을 발효시키는 데 쏟아부어야 했던 시간을 절약할 수 있었으니 말이다. 살아 있는 미생물인 효모를 활용하는 것은 생물학적인 문제이므로 신경 써서 돌보는 수고가 들어갔다. 반면 베이킹소다나 중조 같은 팽창제는 기초 화학의 문제이기에 몇 가지 재료만으로 엄청나게 다양한 빵과 과자를 만들어낼 수 있었다. 이 화학 팽창제만 있으면 팬케이크, 쿠키, 와플, 비스킷, 컵케이크, 프리터 할 것 없이 무엇이든 다 만들 수 있었다. 더는, 몇 주 동안 식탁을 차지할 크고 무거운 빵(크게 만든 빵이 작게 만든 빵보다 오래 두고 먹기에 더 좋았다)을 만드느라 며칠을 고생할 필요가 없었다. 이제 작고 가벼운 빵이나 과자도 내킬 때마다 바로바로 만들어 먹을 수 있었다. 이것은 시장에 새로 쏟아져 나오는 물건이나 경험과 비슷했다. 말하자면 새 장갑을 구입하거나 축제에 가는 일만큼이나 쉬웠다는 말이다. 덕분에 중산층 가정에서는 가끔씩 오후 다과 모임 같은 새로운 이벤트를 즐기게 됐다. 그간 고된 가사 노동에 치여 숨 돌릴 틈도 없었던 주부들이 약간의 여유를 즐기게 된 것이다.[30]

이렇듯 화학 팽창제는 요리와 음식에 대한 사람들의 사고방식에 일대 변혁을 불러일으켰다. 전에는 음식을 만드는 일이 대체로 요리하는 사람과 어떤 자연의 법칙 혹은 미생물의 협력 작업이었고 오랜 관찰을 통해 관련 지식을 얻을 수 있었다. 요리라는 활동을 효율적으로 만들거나 다른 활동에 종속시키는 일은 진지하게 고려되지 않았다.

그러나 18세기가 끝나고 19세기가 시작되면서 시간이 다른 의미를 갖게 됐다. 미국의 인류학자이자 사회비평가 데이비드 그레이버는, 산업혁명을 겪으면서 사람들이 이제 시간을 "중세 시대 상인의 시선으로 바라보게" 됐다고 썼다. "돈과 마찬가지로 주의 깊게 계산하고 분배해서 쓰는 한정된 자원"으로 인식하게 됐다는 이야기다. 이어서 그는 "게다가 당시 새로운 기술의 발전으로, 누구든지 자신에게 주어진 한정된 시간을 균일한 단위로 잘라 돈으로 사고팔 수 있게 됐다"고도 썼다.[31]

어디로 튈지 모르는 변덕쟁이인데다 반응이 굼뜰 때가 많은 효모를 팽창제로 쓴다는 건 빵을 만드는 데 과도할 정도로 많은 시간을 소모한다는 뜻이었다. 반면 화학 팽창제는 신속하고 균일하게 팽창 작용을 일으켜, 빵 만드는 데 들어가는 시간을 정확하게 계획하여 쓰도록 해주었다. 그레이버가 말한 중세 시대 상인의 태도가 일반화되자, 가난한 사람들은 자신이 처한 곤경을 새로운 시각으로 보게 됐다. 시간은 돈이었고, 둘 다 부족한 사람들은 이 수지 안 맞는 활동에 계속 매달린다면 자기의 힘든 상황이 더 힘들어지리라는 두려움을 느꼈다.

중산층은 화학 팽창제 덕분에 절약한 시간을 자신이 원하는 활동을 하며 채운 반면, 가난한 피지배층은 그 시간으로 간신히 벌어먹고 살았다. 1877년 미국 정부는 토착 원주민인 주니족이 조상 대대로 살아오던 땅을 빼앗고 그들을 보호구역으로 몰

베이킹파우더 광고. 베이킹파우더는 값싸고 빠르고 믿을 만하다는 점 때문에, 산업화 이후 시간 부족에 시달리던 가난하고 억압받는 사람들에게 환영받는(실은 필수적인) 팽창제가 되었다. 공장에서 임금을 받으며 노동한다는 것은 장시간을 집밖에서 보내느라 가사를 할 시간이 별로 없다는, 따라서 빵 만들 시간도 별로 없다는 뜻이었다. 그런 사람들에게 베이킹파우더는 더없이 편리한 발명품이었다. 하지만 그러한 장점은 전통 방식으로 만든 빵의 우월한 맛과 영양을 포기한 대가로 누리게 되었다.

아닐고는, 그들의 오랜 주식이었던 옥수수 같은 곡물 대신 흰 밀가루, 설탕, 베이킹파우더, 기름을 제공했다. 주니족은 이 재료들로 튀긴 빵을 만들어 먹었다. 이 빵은 지금도 남서부 도로변에서 흔히 맛볼 수 있는 음식이지만, 영양 면에서 주니족 사람들이 대대손손 조리법을 전수받아 만들어온 푸른 옥수수빵에는 비할 바가 못 된다.[32] 대서양 너머의 아일랜드 사람들 역시 이렇게 자기네 것을 빼앗기는 운명을 맞이했다. 부담스러운 집세 때문에 빈곤의 늪에 빠진 아일랜드 사람들은 버터를 듬뿍 넣은 귀리 비스킷과 영양이 풍부한 다른 음식 대신 소다빵으로 근근이 끼니를 때웠다. 이제 부자들만이 조상 대대로 만들어 먹어온 빵을 즐길 여유를 누리게 된 것이다.

경제적 여유가 없고 집세의 압박에 시달리는 사람들에게 화학 팽창제를 넣어 만든 빵은 사실상 선택의 여지가 없는 현실이었다. 영양이 부족해지고 그에 따라 건강이 나빠지는 걸 그들 역시 느꼈을지 모르지만 그렇다고 달리 할 수 있는 일은 없었다. 하지만 기묘하게도 미국과 유럽의 부유한 사람들 역시 이 팽창제가 건강에 미치는 영향을 걱정했다. 19세기 장로교회 목사 실베스터 그레이엄은 통밀빵과 채소 식단의 도덕적 순수성에 대해 설교했다. 하지만 전통 빵 역시 좋을 건 없다고 생각했다. 효모가 "불순하고 유독한 물질"이므로.[33] 만일 효모를 꼭 사용해야 한다면 그 지역에서 구한 신선한 것을 써야 했다.

또다른 건강 전도사 윌리엄 올컷 박사는 그레이엄 목사보다 한술 더 떠 자신의 독자들에게 발효빵을 아예 피하라고 했다. 발효는 부패 작용이고 효모는 인간의 몸에 해로운 썩은 물질이라고 그는 주장했다. 하지만 그의 주장은 맛이나 식용 가치를 넘어서까지 나아갔다. 그는 발효빵 대신, 소금 간도 채질도 하지 않고 팽창제도 넣지 않은 빵이 좋다고 선전했는데, 자신도 그런 빵은 목구멍으로 넘어가지 않았던지 다음과 같이 썼다. "이런 빵은 밀기울이나 톱밥처럼 무미건조하고 풍미가 없을 뿐더러 몹시 역겨운 맛이 났다."[34] 그럼에도 발효가 부패 작용이라는 통념은 사그라들지 않았다. 그게 사실이 아니라는 연구 결과가 계속 이어졌지만 소용이 없었다. 보스턴 워터 큐어 사람들은 1858년에 자기네만의 대안을 내놓았다. '좋은 빵: 효모나 파우더 없이 폭신한 빵 만드는 법'이라는 제목의 소책자를 출간한 것이다. 그들은 자기네 시대의 빵이 "발효로 썩거나 산과 염기로 유독해지거나 둘 중 하나"여서 "빵이라는 생명의 양식이 죽음의 양식이 돼버렸다"고 매도했다.[35] 그들은 반죽을 미리 부풀리는 대신 오븐의 뜨거운 열을 이용하라고 권했다. 고온에 수분이 팽창하면서 반죽이 저절로 부풀어오른다는 논리였다.

이제 기업가 정신을 발휘하여, 효모를 대신할 화학 팽창제에 이어 팽창제 사용을 아예 피하는 방법을 개발하는 일이 기다리고 있었다. 존 도글리시 역시 이런 정신에 고취된 사람들 중 하나였다. 런던의 의사이자 화학학회 회원인 그는 빅토리아시대의 영국에서 흔히 사용된 증기, 수증기, 가스를 동력원으로 삼아 효모나 화학 팽창제가 반죽에 했던 것과 같은 역할을 하도록 만들고자 했다. 그는 결국 이산화탄소를 만드는 방법을 쓰기로 하고, 탄산칼슘, 즉 백악chalk 위에 황산을 부어 이산화탄소를 만들어냈다(나중에는 이 산acid과 백악을, 발효 맥아의 '유청'과 곡물 가루로 대체했다). 두 물질의 상호작용으로 생겨난 이산화탄소는 액체에 공기가 통하게 함으로써 액체와 곡물 가루가 섞이게 했다. 도글리시는 이렇게 만든 반죽을 희한하게 생긴 커다란 철구에 넣었다. 이 철구는, 빅토리아시대의 탁월한 가정주부 비튼 부인이 썼듯이 "쉬지 않고 반죽을 휘저으며 치대는 시스템"을 갖춘 일종의 기계였다.[36]

그렇게 탄생한 에어레이티드 브레드 컴퍼니의 창립자에 따르면, 이 회사는 하나에 250킬로그램짜리 밀가루 자루 두 개를 단 40분 만에 0.9킬로그램짜리 빵 400덩이로 바꿔놓을 수 있었다. 말할 것도 없이, 이 발명품의 속도와 효율과 크기에 감탄을 금치 못하는 사람들이 많았다. 전통적인 방법으로 빵을 만들려면 10시간 정도 걸렸다는 사실을 고려하면 엄청나게 시간을 절약하게 됐다는 점에서만도 크나큰 진전을 이룬 셈이다. 시간만이 아니라 영양도 보존됐다. 도글리시의 방법으로 만든 빵은 탄수화물이 더 많았다. 다만 전통 발효 빵에서는 탄수화물이 효모를 키우는 데 이용됐고, 잘 자란 효모는 빵의 풍미를 살렸다. 반면 탄산가스를 주입한 빵은 생산 비용이 클 뿐 아니라 맛도 없었다. 한마디로 상업적으로는 실패작이었다. 이 공기 주입 장치는 종종 제멋대로 작동하는데다 그 운전자가 다치는 경우도 많았다는 점 때문에 아마 더 그랬을 터다.

이렇듯 도글리시의 수증기 빵은 실패했지만, 돈벌이에 대한 유혹을 동력 삼아 혁신은 결코 중단되지 않았다. 그리고 그중에는 일정한 성과를 거둔 경우도 있었다. 화학적, 기계적 제빵법의 하나로 1876년 필라델피아의 백 주년 박람회에 잘 길들인 효모가 등장했다. 이것은 플라이슈만이라는 성을 가진 오스트리아

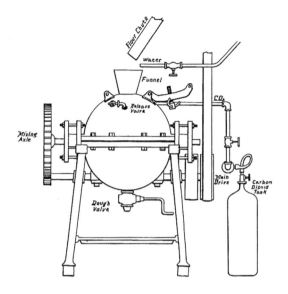

도글리시의 탄산가스빵 기계 개략도. 제빵 산업의 초창기 제품이었던 탄산가스빵은 빠른 시간에 많은 양의 빵을 만들 수 있었고 영양도 거의 그대로 보존되었다. 그럼에도 불구하고 이 탄산가스빵에는 전통 발효 빵이 지닌 풍미가 없어서 소비자들의 입맛을 사로잡는 데는 실패했다.

빈의 두 형제가 미국에서 파는 효모의 품질에 실망하여 고안해 낸 발명품이었다. 그전까지 효모는 불안정한 재료였다. 주로 병에 넣어 보관한 효모는 폭발하거나 말라버렸고 반죽에 넣으려고 도마에 놓아두었다가 오염되기 일쑤였다. 플라이슈만 형세는 혹시 효모를 압축해서 보관할 수 있을지도 모른다고 생각했고 즉시 실험에 돌입했다. 그들은 효모에서 수분을 제거하여 작은 고체 덩어리로 압축했다. 실험해보니 이렇게 가공한 효모는 저장과 운반에 잘 견뎠다. 게다가 빵도 매번 일정하게 잘 구워졌고 쓴맛도 남지 않았을 뿐 아니라 발효 시간까지 반으로 줄었다. 플라이슈만 형제가 제빵사들에게 준 이 선물은 상업적인 면에서도 가정에서 빵을 굽는 주부들에게도 엄청난 공헌을 했다. 그들은 역사상 처음으로 베이킹파우더에 뒤지지 않을 정도로 안정적이고 보존성 좋은 효모를 내놓은 것이다.[37]

안정적인 효모는 당대의 요구에 호응한 수많은 다른 혁신에 동참했다. 하지만 베이킹파우더나 플라이슈만 형제의 가공 효모로 부풀린 빵조차 만들 시간이 부족한 사람들이 많았다. 따라서 이미 만들어놓은 빵을 원하는 시장이 생겨났고 산업계는 그 요구에 부응하려 했다. 빵을 공장에서 만들면서 옛날 방식으로 만드는 빵은 사라져갔고 그와 더불어 각종 관습적인 규정도 사라졌다. '빵의 표준 크기'가 0.9킬로그램이나 1.8킬로그램이 돼야 한다는 생각은 그대로 유지됐지만, 1966년에 빵에 관한 법령이 최종 폐지됨으로써 이제 모든 것이 빵 만드는 사람의 자율에 맡겨졌다. 동시에 제빵사 상인조합마저 완전히 와해됨으로써 제빵사의 수입은 폭락했고 그들만의 규칙과 규정 역시 더는 통용되지 않았다. 제빵사들은 오로지 품질과 가격만으로 각자 경쟁에 나서야 하는 상황이 된 셈이다. 게다가 갑자기 제빵 시장이 포화 상태가 되는 바람에 보상도 턱없이 줄어들었다. 그동안 상인조합이 만들어 강제했던 진입장벽이 무너지면서 너나없이 빵가게를 열 수 있게 되었다.[38]

시장의 압박도 크거니와 규제마저 느슨해졌기에 제빵사들은 고용 비용을 줄이기 위해 서서히 기계로 눈을 돌렸다. 이처럼 기

"OBSERVE OUR LABEL."

20세기 초에 만들어진 플라이슈만 효모 광고 전단 카드. 플라이슈만 형제의 가공법 덕에 마침내 안정적이고 유통에 용이한 효모가 만들어졌다. 이후 효모는 그동안 베이킹파우더가 독보적으로 인정받았던, 돈과 시간을 절약해주는 믿을 만한 팽창제 대열에 합류하게 됐다.

술적 해결책에 의지하면서 제빵업은 자본집약적인 산업으로 바뀌었다. 과거에는 가족을 고용해 반죽을 했지만 1910년경에 이르러서는 사촌이나 사위보다 반죽 기계를 더 선호했다. 하지만 전통을 중시하는 사람들은 반죽 기계는 반죽을 완전히 망가뜨리진 않더라도 최소한 심각하게 손상시킨다고 주장하며 이를 거부했다.[39]

실제로 손반죽보다 기계반죽에 수분이 더 많이 함유된 것도 사실이었다. 게다가 부유하지 않은 사람은 제빵업에 뛰어들 희망마저 잃었다. 장비에 상당 금액을 투자할 여력이 되는 사람들이 시장을 지배했기 때문이다. 품질에 대한 불만을 가라앉히기 힘들어진 상황에서, 그들은 자기네 상품은 동네에서 파는 전통 빵과는 다르다고 이야기하며, 그 제품 자체가 하나의 빵 종류로 자리잡게끔 대대적으로 선전하는 방식으로 대응했다.[40] 지금까지도 영국에서 인기 있는 한 통밀빵 회사의 광고 문구 중에는 다음과 같은 것이 있다. "그냥 '통밀빵' 말고 호비스를 달라고 하세요."

산업적 차원의 제빵은 1961년에 영국 제빵업연구협회가 고안한 촐리우드법의 등장으로 엄청나게 도약했다. 이 방법을 쓰면, 밀가루에서 포장된 빵을 내놓기까지 단 3시간 반으로 족했다. 그때까지 최소 5시간이 걸렸던 대량 발효 시간을 훨씬 단축시킨 것이다. 그전에는 휴지기를 통해 반죽의 글루텐을 형성했지만, 이젠 엘리자베스 데이비드의 말대로 "초고속 반죽 기계가 몇 분 동안 강력히 휘저어" 재빨리 글루텐을 형성한 덕분이었다.[41] 촐리우드법으로 만든 빵은 단단하면서도 탄력이 있었다. 어쩌다 찌그러져도 금세 본 모양을 되찾았으므로 유통에도 훨씬 유리했다. 하지만 안에 넣은 효모가 향미를 내는 에스터 등의 부산물을 만들어낼 시간을 갖지 못했기에 그다지 맛은 없었다.

어쨌든 촐리우드법이라는 산업적 승리는 오늘날까지도 이어지고 있다. 오늘날 영국에서 파는 빵의 약 80퍼센트가 이 방법으로 만들어진다. 반면 미국의 제빵 회사들은 스펀지법을 더 선호한다. 휴지기가 더 길긴 하지만 이 방법도 마찬가지로 기계적인 방법이다. 무슨 제빵법을 썼든 결국 똑같이 폭신폭신하고 탄력 있고 향미 없는 빵이 시장을 점령했고, 전문 제빵사가 만든 영양 많고 맛있는 빵은 소수의 동네 소비자를 위한 고급 빵이 되어버렸다.

대체 어떻게 이런 일이 일어난 걸까? 20세기 스위스 역사가이자 비평가인 지크프리트 기디온은 1948년에 출간된 그의 역작 『기계가 지휘한다』에서 "1900년 이후로 익명의 기업들이 우리 삶의 거의 모든 영역에 침투하는 시기로 접어들었다"면서 "획일성과 외양을 중시하는 태도가 함께 나타났다"고 했다.[42] 생명의 양식, 즉 빵 역시 이런 산업적 침투의 물결에 휩쓸렸다는 말이다. 이어서 그는 "빵의 변화된 특징은 번번이 빵을 만들어 파는 측에게 유리한 결과를 가져다줬다. 마치 소비자가 무의식적으로, 대량생산과 신속한 회전에 가장 적합한 빵에 제 입맛을 맞추는 것 같았다"라고도 썼다.[43]

다른 분야가 적응한 것과 마찬가지로, 빵 소비자의 입맛이라고 해서 환경의 제약을 피해갈 수는 없었으리라. 공장에서 만든 빵을 먹는 사람들은 기회를 찾아 대도시로 모여든 사람들이었다. 그들은 하루에 12시간에서 16시간을 일하고 남는 시간엔 잠을 자야 했기에, 실상 공장의 노예나 다름없었다. 그런 사람들에게, 건강에 이로울 리 없는 '마가린을 바른 빵'이 주식이 되었다(그마저도 통밀빵이 아니라 흰 빵이어야 했는데, 직공들이 화장실에 들락거리는 걸 공장주들이 싫어했기 때문이다). 게다가, 요리사학자 린다 시비텔로가 지적했듯이, 대량생산한 빵에는 역사가 빠져 있었다. 날마다 일터를 향해 집을 나설 수밖에 없는 사람들에게 훌륭한 대안이 되어준 빵의 바로 그 특성이, 그들을 자신의 개인사와 가족사로부터 소외시키는 결과를 가져왔다. 그들이 먹게

20세기 중반 본드 브랜드의 '균질' 빵 광고물. 홀리우드법 등의 혁신으로 제빵 시간이 단축되고 표준화됨에 따라 동네 빵집은 대기업에 설 자리를 빼앗겼다. 점점 늘어나 가던 도시 임금노동자들은 이미 만들어진 빵을 원했고 대기업은 그런 소비자들의 요구를 충족시키는 데 필요한 특수 시설을 갖출 자본과 자원을 가지고 있었다.

된 빵과, 산업화 시대 임금노동 시스템 속 그들의 노동은 아무런 기쁨도 주지 않고 특색 없이 단조롭기만 하며 값이 저렴하다는 점에서 똑 닮은꼴이었다. 반면, 선조들이 자기 집 화덕에서 일상적으로 구워 먹던 빵은 바로 그 점 때문에 소박한 음식에서 고급 음식으로 변했다. 20세기 미국의 대표적인 사회학자 소스타인 베블런이 '과시적 소비'라 부른 소비문화의 등장이라는 측면에서 보자면, 산업화 이전 시대에는 그저 다른 대안이 없었기에 평민들이 직접 만들어 먹을 수밖에 없었던 기본 식품이, 이젠 신흥 부유층에 의해 '장인이 만든' 특별한 수제품으로 둔갑한 것이다.

　가공식품을 옹호하는 사람들은 편리성과 시간 절약이라는 두

워싱턴 D. C. 근처에서 열린 마을 장터의 수제 빵 판매대. 최근 전통적인 방식으로 만드는 빵이 인기다. 수제 빵은 옛날에 먹던 빵 특유의 섬세한 맛을 즐기고 영양도 챙기려는 소비자들에게 호응을 얻고 있다.

가지 측면을 강조한다. 하지만 고된 노동을 면제받아 얻어낸 시간의 가치는 그 시간을 어떻게 사용하는지에 따라 달라진다. 만약 그 시간을 열정의 대상에 몰입하거나 재능을 계발하거나 자신의 이익을 챙기는 활동에 사용한다면 확실히 일종의 득을 봤다고 말할 수 있다. 그러나 그렇게 확보한 시간을 오로지 노동을 더 많이 하는 데 쏟아부어야 한다면 결코 그걸 이득이라 부를 수 없을 것이다.

자연히, 이런 표면적인 이득을 얻기 위해 우리가 잃은 것은 무엇일지도 궁금해진다. 최근의 연구에 따르면, 사워도 종균 같은 천연 팽창제로 만든 빵은 공장에서 생산된 빵보다 당 지수가 낮아, 섭취 시 혈당이 급격히 상승할 가능성이 더 낮다. 우리 몸의 생체 기능을 돕는 갖가지 영양 성분도 더 풍부하다고 한다. 게다가 전통 발효 기법으로 만든 빵은 글루텐 저항성까지 감소시켜 줄지도 모른다. 미생물은 계절이나 온도처럼 더 큰 세계와 조화되어 일하는 터라 그 속도를 가늠하기 어렵지만, 이런 미생물이 부리는 미묘하고도 결정적인 마법은 건강에 해로운 음식을 유익한 음식으로 바꿔놓는다. 이 한 가지 사실만으로도 미생물의 가치는 차고 넘친다. 더 무슨 말이 필요하겠는가.

4.

두 얼굴의 곰팡이

양치기의 동굴 치즈와 감자 기근

FERMENTED
FOODS

Fermented Foods

곰팡이는 인간보다 훨씬 먼저 이 지구상에 등장해 성공적으로 자리잡았고 그중 다수는 틀림없이, 인간이 제 역할을 다하고 어둠의 날개 밑으로 더듬더듬 들어가거나 무대 밖으로 퇴장당한 뒤에도 오래오래 살아남아 있을 것이다.

—클라이드 크리스텐슨, 『곰팡이와 인간: 균류에 대하여』[1]

효모가 반죽을 부풀릴 수 있다는 발견은 실로 절묘한 사건이었다. 그런데 얼마 지나지 않아 곰팡이도 우리에게 유익할 수 있다는 사실이 발견됐다. 그 기원에 대해선 남프랑스의 이느 양치기 이야기가 전해 내려온다. 어느 날, 언제나처럼 동굴에서 낮잠을 즐기던 양치기가 눈을 떴을 때 어여쁜 양치기 소녀가 지나가는 게 보였다. 양치기는 소녀를 헐레벌떡 쫓아가느라, 점심으로 먹다 남겨둔 치즈 샌드위치를 깜빡하고 동굴에 그대로 남겨두었다. 한참 지나 돌아와보니 샌드위치 빵에 곰팡이가 펴 있었다. 양치기는 빵은 그 자리에서 버렸지만 혹시 안에 든 치즈는 괜찮을까 싶어 맛을 보았다. 먹어보니 처음보다 훨씬 맛이 좋았다. 마을로 돌아온 그는 동네 사람들에게 그 사실을 알렸다. 호기심이 발동한 그의 친구들과 이웃들은 자기네 치즈 샌드위치를 동굴로 가져가 놓아두고는 같은 마법이 일어나기를 기다렸다.

놀랍게도 양치기의 말은 사실이었다. 동굴 흙에는 나중에 페니실륨 로퀘포르티Penicillium roqueforti라고 알려지는 균이 풍부하게 함유돼 있었는데, 이 흙에 빵이 오염되면서 그 사이에 끼인 치즈에까지 균이 옮아간 것이다. 푸른곰팡이는 치즈에서 자랐다. 그 치즈는 물론 로크포르roquefort 치즈였다(이 치즈는 지금도 양치기의 동굴에서 만들고, 많은 이들이 그 맛을 좋아한다).

로크포르 치즈의 탄생 기원이 정말로 이 이야기와 같은지는 분명치 않다. 하지만 우연한 오염의 결과라는 점은 아마 사실일 것이다. 20세기 미국의 진균학자 클라이드 크리스텐슨은 다음과 같이 말했다. "이 치즈가 맨 처음 만들어진 것은 그야말로 우연한 행운이었다. 치즈를 만드는 사람들은 그저 선대부터 만들어온 얼룩덜룩하고 맛과 영양이 풍부한 치즈를 만들고자 했다."[2]

지금은 약 600여 종의 페니실륨 로퀘포르티균으로 맛과 영양이 뛰어난, 엄청나게 다양한 치즈를 만든다. 치즈 제조사 대부분이 실험실에서 배양한 곰팡이균을 쓰지만, 여전히 전통 방식을 고수하는 사람들도 있다. 그들은 바싹 구운 큰 호밀빵 덩어리들을 동굴 안에 놓아두었다가 곰팡이가 피면 그 가루를 치즈 응

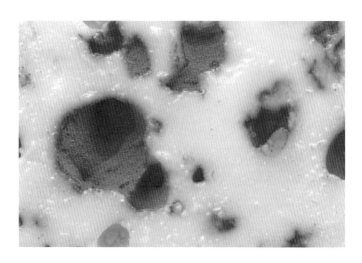

로크포르 치즈 단면을 확대한 모습. 구멍 안쪽에 치즈 특유의 곰팡이 페니실륨 로퀘포르티가 자라 있다. 이 치즈의 기원에 대한 이야기는 아마도 누군가 지어낸 것이겠지만, 곰팡이의 공급처에 관한 이야기는 진짜다. 로크포르 치즈는 지금도 사랑에 빠진 양치기가 낮잠을 잤던 곳이라고 전해지는 바로 그 동굴에서 만들어진다.

유 위에 뿌리거나 치즈 모서리에 난 구멍에 집어넣는 방법을 쓴다(로크포르 같은 내부 곰팡이 치즈는 압착하지 않고 그대로 놓아두는데, 응유의 갈라진 틈이 곰팡이가 자랄 공간과 공기가 되어준다). 그런 다음 치즈가 곰팡이로 완전히 뒤덮일 때까지 동굴에 그대로 놓아둔다. 이렇게 동굴에서 만든 치즈가 바로 카망베르, 고르곤졸라, 스틸턴 등, 오늘날 크게 사랑받는 향 좋은 치즈들이다.[3]

　6장에서 더 깊이 다루겠지만, 치즈는 곰팡이가 주역이 되어 만들어내는 수많은 발효 식품 중 하나일 뿐이다. 예를 들어 보트리티스 시네레아Botrytis cinerea라 불리는 흔한 회색곰팡이는 세계에서 가장 호평받는 와인의 양조를 돕는다. 이 곰팡이는 종종 포도원을 감염시켜 포도알이 쪼글쪼글해진다. 오랫동안 병충해라 여겨온 이 회색곰팡이는 18세기 말 독일의 어리바리한 수도원장 하나 때문에 전혀 의도치 않게 발견된 것이었다. 당시 독일의 포도원은 전부 교회 소유였고, 교회는 대수도원장이 공식적으로 지시하기 전까지 마음대로 수확을 시작하면 안 된다는 법을 따라야 했다. 이에, 요하니스베르크 바이에른 마을의 수도승들도 대수도원장의 전갈이 도착하길 기다렸다. 몇 주가 지나 포도가 완전히 익은 상태가 됐다. 걱정이 된 수도승들은 대수도원장에게 전령을 보냈다. 하지만 이 전령은 노상강도인지 어여쁜 여인인지에 붙들려 다시는 돌아오지 않았다. 수도승들은 두번째 전령을 보냈지만 그마저도 감감무소식이었다. 다행히 세번째 전령은 무사히 대수도원장에게 가서 수확 허가를 받아 돌아왔다. 그리하여 그들은 마침내 합법적으로 수확을 시작할 수 있었지만, 정상적인 수확 시기를 무려 4주나 흘려보낸 뒤였다. 그 사이, 농익은 포도에는 앞서 언급한 곰팡이가 피었다. 하지만 수도승들은 할당된 수확량을 채워야 했기에 탱글탱글한 포도든 쪼글쪼글한 포도든 가리지 않고 전부 다 따 상자에 담을 수밖에 없었다.

운좋게도, 이 무시무시하게 생긴 곰팡이는 포도에 들어 있던 당분을 농축시키면서 독특한 맛을 만들어냈다. 그리하여 이 곰팡이 감염은 귀하게 썩는다는 뜻에서 '귀부병noble rot'이라고 불렸다. 오늘날 유럽의 유명한 포도원에선 포도송이 일부를 보트

보트리티스 시네레아에 감염된 포도. 흔히 '귀부병'이라 부르는 곰팡이 감염은 오랫동안 병충해로 여겼지만, 중세의 어느 수도원이 와인 생산 할당량을 채우라고 압박을 받은 덕에 이 곰팡이가 실은 향미가 특별한 와인을 만들어낸다는 사실이 발견됐다.

리티스 곰팡이가 생길 때까지 그대로 놓아둔다. 특별한 와인 효모 균주를 배양해 곰팡이 향미를 보완한 곳들도 있다. 피콜리트, 게뷔르츠트라미너, 부브레, 특히 최고의 와인으로 널리 알려진 샤토 디켐 같은 와인은 모두 보트리티스 곰팡이에 감염된 포도로 만든다.[4]

보트리티스 시네레아를 보면 곰팡이의 신비하고도 양면적인 성격을 잘 이해하게 된다. 곰팡이는 우리의 친구일까, 적일까? 현대 과학이 발달하기 이전 시대에는 실험과 오랜 경험으로만 그 해답을 알 수 있었다. 예컨대 아스페르길루스Aspergillus 속의 사상곰팡이는 쌀이나 보리나 대두에 안착했을 때 우리의 친구가 된다. 이 곰팡이를 접종한 배지를 고지koji라 하는데, 일본어로 '누룩'이라는 뜻이다. 누룩곰팡이는 대두의 전분을 발효 가능한 당분으로 바꾸어 간장, 청주, 된장 같은 식품을 만들 수 있게 해 준다.

인간이 아스페르길루스를 활용한 역사는 상당히 오래전으로 거슬러올라간다. 그 증거가 등장하는 가장 오래된 문헌은 기원전 300년경에 작성된 고대 중국 문헌『주례』이다. 기원전 165년에 묻힌 중요 인물들의 무덤에선 대두로 만든 고지가 다른 부장품과 함께 출토됐다. 그로부터 한 세기 뒤에 쓰여 훗날 중국에서 가장 중요한 역사서로 꼽히는『사기』에는 고지가 이 나라에서 가장 중요한 상품이라고 언급된다. 이 상품은 1776년에 이르러 보엔의 특허 간장이란 이름으로 서양에 전파됐는데, 이것은 식민지 시절 조지아주에 본사를 둔 아메리칸 새뮤얼 보엔이라는 동명의 양조 회사에서 만든 간장이었다.[5]

간장은 물두시(콩을 발효시켜서 만든 중국 전통 음식—옮긴이), 청주, 된장 같은 다른 고지 기반 식품들과 마찬가지로 지금도 고대 아시아에서 만들던 방식과 거의 같은 방식으로, 즉 아스페르길루스가 놀라운 변신 마법을 부리게 하여 만든다. 예컨대 간장은 삶은 대두와 구운 밀을 동량으로 섞은 배지에 배양 포자를 접종해서 만든다. 배양 포자는 어떤 간장을 만드냐에 따라 달라진다. 다마리 간장을 만들 땐 대두-밀 혼합물에 아스페르길루스 타마리Aspergillus tamarii라는 곰팡이를 접종해 발효시킨다. 그러면 아미노글리코사이드라고 알려진 반응이 일어나면서 이 미생물이 곡물 단백질은 유리 아미노산과 단백질 조각으로, 전분은 단순당으로 분해시킨다. 그 결과 간장은 특유의 갈색을 띤다. 이어서 젖산균이 당분을 발효시켜 젖산을, 효모는 에탄올을 만들어내고, 그걸 한동안 묵혀두면 간장 특유의 맛이 난다.

아스페르길루스는 물두시나 청주를 만들 때도 동일한 역할을 한다. 물두시는 이 곰팡이가, 삶은 대두에 서식하면서 대두를 소화가 더 잘되는 음식으로 만든 것이다(발효시키지 않은 대두는 소화가 잘 안 되는데, 베트남전쟁 당시 전쟁 포로들은 이 물두시 덕분에 살아남을 수 있었다고 한다). 청주는 아스페르길루스 오리제 Aspergillus oryzae가 효모 발효가 잘 일어나지 않는 쌀 전분을 분해해 당분을 만들고, 그 당분은 효모의 작용으로 에틸알코올과 이산화탄소로 바뀌어 만들어진다. 이렇게 중국인들 역시 프랑스나 오스트리아 포도원에서 만든 술 못지않게 맛있는 술을 만들 수 있었다.

1890년대에 다카미네 조키치라는 일본 화학자는 고지로 위스키까지 만들었다. 다카미네는 곡물을 발아시켜 담근 즙이나 과일즙에 효모를 주입하여 발효시키는 전통적인 방법에서 벗어난 방식을 사용했다. 그는 고시 종균이 더 경제적이고 효율적이라고 생각했고, 특히 밀기울을 배지로 사용할 경우 아스페르길루스 오리제가 발아 곡물을 당화시킬 때보다 전분 분해 효소를 더 많이 만들어낸다는 사실을 발견했다. 게다가 곰팡이는 사흘이면 완전히 다 자라 사용할 수 있는 상태가 되었다(보리는 6개월

이 걸린다). 또한 다카미네는 이 곰팡이가 알코올 함량이 높은 곳에서 더 오래 살아남아 알코올 도수를 높인다는 사실도 알아냈다.[6]

하지만 안타깝게도 다카미네가 실험실에서 거둔 성공이 시장으로까지 연결되진 못했다. 고지로 만든 위스키를 시음해본 소비자들의 반응은 미묘했다. 그럼에도 다카미네는 아스페르길루스가 더 다양한 용도로 쓰일 수 있는 가능성을 보여줬고, 지금은 이 곰팡이가 식품 산업에 필수적인 구연산과 효소를 만드는 데 활용되고 있다.

이처럼 아스페르길루스는 종종 요긴하게 쓰이지만, 골칫거리가 될 때도 많다. 약 50종의 아스페르길루스는 독성이 있는 대사물질을 만들어내는데, 이런 종은 각종 견과류, 곡물, 향신료를 감염시킨다.[7] 아스페르길루스 플라부스Aspergillus flavus라는 유해 곰팡이는 열대성과 아열대성 기후에서 특히 잘 자라는데, 이 곰팡이에 감염된 식품은 급성 간손상, 간경변 및 각종 종양을 일으키는 치명적인 물질인 아플라톡신을 만들어낸다. 중앙아프리카와 동남아시아 일부 지역에서 간암 발병률이 높은 이유가 이 아플라톡신 때문이라는 주장이 제기되기도 했다.[8] 1974년 인도에서는 사백여 명이 아스페르길루스 플라부스에 감염된 곡물을 먹고 간염에 걸려, 106명이 사망한 사례도 있다.[9]

이처럼 두 얼굴을 가진 아스페르길루스는 곰팡이 왕국의 성격을 아주 잘 보여준다. 이 수수께끼 같은 왕국의 구성원들이 음식을 발효시키는 데 무슨 역할을 하는지 제대로 이해하고 즐기

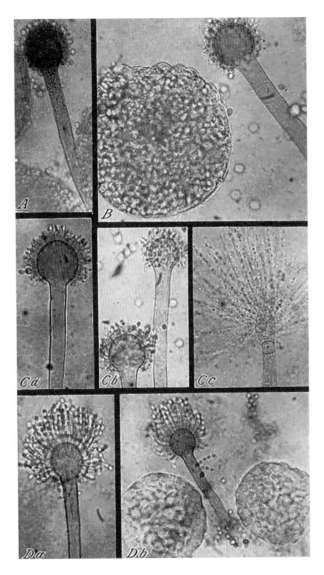

다양한 아스페르길루스 곰팡이의 모습. 어떤 종은 죽음을 불러올 정도로 치명적이지만 무
해하거나 유익하기까지 한 종도 있다. 후자는 간장이나 물두시처럼 우리에게 친숙한 아시아
식품을 만드는 데 이용된다.

려면, 일단 그 성격과 역사를 어느 정도 알아야 한다. 그 계보는 종류가 엄청나게 방대할 뿐 아니라 역사도 매우 오래전으로 거슬러올라간다. 지구상에서 가장 오래된 두 생명체인 곰팡이와 세균은 약 5억 5천만 년 전 같은 조상에서 유래했다. 이런 유리한 시작점 덕분에 대략 10만여 종의 곰팡이와 곰팡이 비슷한 유기체가 생겨날 수 있었다. 현재 지구상에는 대략 500만여 종의 곰팡이가 있는 것으로 추산된다.[10] 그중 다수 종이 특이한 형태를 하고 있다. 1992년 『네이처』에는 미시간주 북부 35에이커 규모의 숲에 살고 있는 아밀라리아 갈리카Armillaria gallica, 즉 뽕나무버섯속 곰팡이 군락의 유전 분석에 관한 논문이 실렸다.[11] 이 논문에서, 땅 위로 드러난 자실체들은 각기 독립된 개체가 아니라 모두 동일한 유전자를 지닌 한 개체의 일부임이 입증되었다. 그 자실체를 만들어낸 땅 밑 균사체 네트워크는 1500년가량 된 것으로, 지구상에서 가장 오래된 유기체 중 하나다.[12]

발생 역사가 이렇게 오래전으로 거슬러올라간다는 것은 곰팡이가 다른 유기체의 진화에 중요한 역할을 했음을 뜻한다. 이를테면 지구상에 식물이 이토록 다양한 것도 실은 곰팡이 덕분이다. 일부 과학자들은 4억 8500만 년 전 캄브리아기에 발생한, 광합성을 하는 유기체와 곰팡이의 공생 관계가 나중에 식물이 번성하게 만드는 길을 닦았다고 추측한다.[13] 그리고 이 공생 관계는 지금까지도 이어지고 있다. 관속 식물의 뿌리에서 자라는 곰팡이인 균근은 식물종 약 90퍼센트의 양분 흡수율을 늘린다.[14] 미 북동부 등에 흔한 수정난풀Indian pipe plant 역시 이런 공생

곰팡이 균사 덩어리. 땅 위로 보이는 부분인 곰팡이의 자실체는 포자를 퍼뜨려 번식한다. 포자는 다시 균사로 자라 균사체라고 부르는 빽빽한 조직체를 형성한다. 균사는 콘크리트, 배 갑판 등 생명이 살지 못할 것 같은 환경에서도 자리잡을 정도로 생존력이 강한 경우가 많다.

으로 이익을 얻는다. 수정난풀의 단단하고 촘촘한 뿌리에는 길이 3밀리미터, 직경 1밀리미터쯤 되는, 작은 가지가 달린 구성물이 잔뜩 달라붙어 있다. 현미경으로 들여다보면 덩어리마다 곰팡이 균사체에 둘러싸여 있다. 균사들은 뿌리 속으로 파고들어가 뿌리 세포에 양분을 공급하고 대신 자신에게 필요한 양분을 얻는다.[15] 3억 5천만 년 전 석탄기의 원시 침엽수 역시 곰팡이와 이런 공생 관계를 맺었다.[16]

곰팡이는 식물의 생존에 필수적이지만 사실 인간과 공통점이 더 많다. 식물의 세포벽을 형성하는 물질은 셀룰로스이지만 곰

곰팡이의 세포벽을 구성하는 물질은 물고기의 비늘과 조개나 벌레의 겉껍질에서도 발견되는 단단하고 유연한 다당류 키틴이다.[17] 키틴과의 이 독특한 관련성 탓에 곰팡이는 식물과 동물 사이 어딘가에 위치한다.

곰팡이는 양분 조달도 독특한 방법으로 한다. 햇빛에서 에너지를 얻는 대신 복잡한 분자를 단순한 형태로 분해하는 효소를 세포 밖으로 분비해, 썩어가는 물질에서 양분을 끌어온다.[18] 번식할 준비를 마치면 포자를 만들어내는데, 이 포자는 습기에 노출되면 씨처럼 부풀어오른다. 포자의 세포벽에는 발아공이라고 하는 벽이 얇은 부분이 있는데 이 부분을 통해 팽창한다. 이렇게 팽창한 부분은 어울리게도 '발아관'이라고 부르는 일종의 관이 되고 이 관은 가는 실 모양의 균사가 된다. 균사가 자라면서 가지처럼 사방으로 뻗어나가 다수의 균사가 만들어지는데, 각 균사 맨 끝부분의 세포벽은 길게 늘어날 만큼 탄력적이지만, 원형질을 그대로 보존하고 곰팡이의 다른 부분들로 양분을 전달할 만큼 견고하기도 하다. 결국 균사는 서로 뒤엉켜 하나의 덩어리처럼 되고, 이 덩어리가 충분히 자라면 '균사체'가 된다.[19] 숲 속 땅 위에서 채취한 버섯에는 길게 늘어진 가는 가닥이 달려 있을 터다. 하지만 자실체라고 부르는 이 부분은 땅속에 있는 훨씬 큰 유기체의 생식 기관에 불과하다. 자실체가 자라면 포자를 내뿜고, 또다시 이런 성장 사이클이 시작된다.

곰팡이의 이 억제할 수 없는 활동성은, 치즈나 간장을 만드는 사람은 부유하게 만들었어도 농부를 빈곤의 나락으로 떨어뜨릴 수 있었다.

에밀 한센이 순수 효모균을 분리하는 작업을 시작하기 40여 년 전인 1843년에 역사에 길이 남을 무시무시한 병충해가 미 중부 대서양 연안을 덮쳐, 펜실베이니아주와 델라웨어주에서 기르던 감자 절반을 죽였다. 이 '신종 병충해'에 걸린 감자는 이파리 가장자리에 검은 점이 생기고 이파리 밑면은 무성 포자를 만들어내는 포자낭을 갖춘 백색 균사체로 뒤덮였다. 감자의 덩이줄기에도 검은 반점이 얼룩덜룩하게 생겼고 이 반점은 결국 줄기를 썩게 만들었다.[20] 20세기 식물병리학자 어니스트 라지는 이 병충해에 대해 다음과 같이 썼다. "사람으로 치면 입과 콧구멍에서 이상하게 생긴 무색의 해초가 자라는데 그 뿌리가 소화기관과 폐를 옥죄며 망가뜨리는 꼴이다. 말도 안 되고 터무니없는 이야기 같지만, 이것이 감자역병균Botrytis〔Phytophthora〕 infestans에 감염돼 이파리에 곰팡이가 핀 감자의 상황을 대략적이나마 이해할 수 있게 해주는 비유라고 생각한다."[21]

1844년에 이르러서는 이 병충해가 미 중서부와 캐나다에까지 퍼졌다. 영국에서는 서늘하고 비가 많이 내린 1845년 여름에 처음으로 이 병충헤에 걸린 감자가 발견됐다. 습한 날씨 탓에 병충해는 급속히 퍼졌다. 특히 아일랜드에서 피해가 막심해 그해 수확량이 40퍼센트나 줄었다. 다음해에는 무려 90퍼센트가 줄었다.[22] 이후에도 한 번씩 이 병충해가 돌아, 그 여파로 총 백만여 명이 아사했다.

감자역병균에 감염된 감자. 이 균은 19세기 중반의 아일랜드 대기근에서 주된 역할을 한 것으로 악명 높은 미생물이다.

 신이 노해서라느니 자기장 때문이라느니 이런저런 추측이 오 갔지만, 더 앞선 사고방식을 가진 누군가는 좀더 제대로 원인을 규명하고자 노력했다. 1846년 런던 원예협회지에 마일스 조지프 버클리 목사가 이 병충해에 관해 쓴 논문이 실렸다. 그는 체계적 인 조사 끝에 "곰팡이 탓에 감자가 썩어들어가는 것이지, 감자 가 썩은 탓에 곰팡이가 생기는 게 아니다. (…) 곰팡이가 감자에 자리잡고 그 즙을 빨아먹어 감자가 시들시들해진다"라고 결론을 내렸다.[23] 그러므로 곰팡이가 "이 파국의 직접적인 원인"이라고 그는 자신 있게 주장했다.[24]

 이 훌륭한 목사가 감자 병충해의 원인에 대해 꺼내든 설득력 있는 주장은, 오직 곰팡이와 흉작이 명백히 관련돼 있음을 보여 줬다는 이유 하나만으로도 큰 진전을 이룬 것이었다[25](비록 이

150

감자 병충해의 원인은 진짜 곰팡이가 아니라 난균류라고 하는, 곰팡이와 유사한 미생물이라는 사실은 언급해야겠지만). 게다가 덕분에 진균학자 로버트 대처 롤프와 프레더릭 윌리엄 롤프의 다음과 같은 냉철한 통찰도 나올 수 있었다. "만약 곰팡이의 생존 환경 전체를, 말하자면 전 지구상에서 살아가는 모든 유형의 유기물을 조사해본다면 이 생물과 우리 인간이 필요로 하는 게 너무도 비슷하다는 사실에 즉각 충격받을 것이다."[26] 그리고 수백 수천 년 동안 곰팡이는 우리의 필요를 희생시켜 자신들의 필요를 채우는 데 성공했다.

곰팡이와 병충해가 관련된다는 사실에 사람들은 불안에 떨었다. 인간이 얼마나 무기력한 존재인지 그대로 드러났다. 눈에 보이지 않는 곰팡이가 빈곤과 파괴를 가져왔지만 증오와 불신은 곧 눈에 보이는 것들로 옮아갔다. 영국 작가 이던 필포츠는 "나무와 관목 밑에는 반들반들하게 잘 자란 이끼도 있고, 광대버섯이나 모자를 뒤집어쓴 다른 녀석들 같은 산호색과 호박색 곰팡이도 있었다. 녀석들은 외딴 구석에서 기이한 모습으로 무리 지어서는 고개를 내밀어 불길한 기운을 내뿜었다"고 썼다.[27] 병충해와 관련된다는 사실 하나만으로도 곰팡이는 존재 자체가 유죄였다.

세균처럼 우리 눈에 보이지 않는 위협과 달리 우리 눈에 보이는 곰팡이는 본능적인 두려움, 혐오, 당혹감을 자아냈다. 사람들은 이런 이상한 유기체의 근원이 대체 무엇인지 궁금해했다. 가령 아리스토텔레스의 제자인 테오프라스토스는 송로버섯이 천둥 번개와 비에서 왔으며, 그 신비로운 형성 과정 탓에 선과 악 양면성을 가지게 됐다고 믿었다. 그리스의 의사이자 시인인 니칸데르(기원전 185년)는 곰팡이를 "흙에서 일어난 나쁜 발효"라고 부른 반면,[28] 몇 세기 뒤 로마의 박물학자 대$_\wedge$플리니우스(23~79)는 송로버섯이 "뿌리도 없는데 과실을 맺고 생명을 유지할 수 있다"는 점에서 "세상에서 가장 놀라운 생명체"라고 설명했다.[29] 곰팡이는 고전 예술 작품에도 발자취를 남겼다. 한 에트루리아 화병에는 죽어가는 켄타우로스가 발굽 사이에 버섯을 꽉 움켜쥔 채 시력이 남아 있는 한쪽 눈을 두드러지게 부릅뜬 모습이 그려져 있다. 한 아티카 화병에는 페르세우스가 버섯과 함께 있는 모습이 그려져 있고, 또다른 화병에는 헤라클레스가 돼지를 희생 제물로 바치는 제사에 한 사제가 버섯 세 개가 놓인 접시를 들고 참석하는 모습이 그려져 있다.[30]

버섯을 켄타우로스나 사제처럼 존경받는 인물과 한데 묶은 것은 버섯이 의례뿐 아니라 의료 행위에도 종종 활용됐다는 뜻이다. 이 시기에 흔히 활용된 버섯은 잔나비버섯(라리시포메스 오피시날리스Laricifomes officinalis)이다. 그리스 의사 디오스코리데스는 이 버섯이 "지혈 효과가 있고 몸을 따뜻하게 하며 유아 배앓이와 염증에 효과적이고 뼈에 금이 가거나 타박상을 입었을 때도 좋다"고 썼다.[31] 또한 "간손상, 천식, 황달, 이질, 신장병" 치료에도 도움이 될 뿐 아니라 복통, 간질, 생리통, "여성의 헛배부름"에도 좋다면서,[32] 요컨대 "환자의 나이와 건강 상태에 맞추어 적절히 먹으면 내과적 증상에는 다 효력이 있다"고 결론지었다.[33]

디오스코리데스는 곰팡이를 활용한 경험이 많았던 모양인지, 독성이 있다고 여긴 곰팡이는 조심스레 피했다. 그에 따르면, 이러한 유해 곰팡이는 "녹슨 못이나 썩은 헝겊, 뱀 구멍 근처나 유독성 열매를 맺는 나무의 표면에서" 자란다.[34] 이런 곰팡이는 "찐득한 점액질로 덮여 있거나" 채취하고 나서 놔뒀을 때 "금세 썩어버리는" 걸로 식별할 수 있다.[35] 조심성 없이 아무 곰팡이나 먹은 사람은 그 대가를 치렀다.[36] 그런 불운한 사람에 관한 이야기는 꽤 흔했다. 역사가 에파르키데스에 따르면, 기원전 450년 극작가 에우리피데스가 이카리아를 방문했을 때 한 여자와 성인이 된 두 아들과 미혼인 딸이 버섯이 들어간 음식을 나눠 먹고 한자리에서 죽은 이야기를 전해 듣고 가슴이 아파, 이들을 위해 자진해서 추도사를 썼다고 한다.[37]

더 안타까운 것은 이 무자비한 운명의 손이 부지불식간에 가격해온다는 사실이었다. 옛날에는 병충해나 녹병은 신의 의지가 개입한 거라 여겼다. 히브리 선지자 아모스는 '내가 너희를 마름병과 깜부기병으로 쳤노라'며 전능한 신을 대신해 호통쳤다.[38] 케어풋이나 스프럿 같은 학자들은 이 녹병을 창세기 41장 7절에 나오는 파라오의 '일곱 개의 가는 이삭' 꿈과 연결시켰다. 이 꿈은 남부 레반트가 병충해로 겪을 흉작을 예언한 것으로, 이 흉작 때문에 유대인들이 이집트로 갈 수밖에 없었으며 결국 노예 생활을 시작했다고 설명한다.[39] 로마인들 역시 녹병으로 흉작을 겪을 때마다 보이지 않는 힘이 작동한 결과라 여겼다. 기원전 7세기에는 해마다 봄이면 녹병의 신 로비구스를 달래기 위해 축제를 열었다. 사람들은 행렬을 지어 플라미니아 문으로 로마를 빠져나가, 밀비우스 다리를 건너 클로디아 가도의 다섯번째 이정표로 갔다. 사람들은 그 신성한 숲에서 먼저 기도를 올리고 적갈색 개 한 마리와 양 한 마리를 공물로 바쳤다.[40] 이렇게 하면 신이 감동을 받아 농사를 망치지 않으리라 기대했다.

하지만 로비구스 신이 자비를 베풀어줬다고 해도 로마인들에게는 또다른 균류의 위험이 남아 있었다. 그중 하나는 20세기까지 꾸준히 출몰해 공동체 전체를 공포의 도가니로 몰아넣은 맥각병이었다. 맥각균에 감염되면 호밀 이삭에서 검은 쐐기가 돋아나는데 그 안에는 맥각 알칼로이드라는 복합 유기화합물이 다량 들어 있다. 이 화합물이 우리 몸속에 들어가면 근육 세포와 신경 시스템을 교란해 사지가 화끈거리는 증상부터 환각, 경련까지 다양한 증상을 유발한다.[41] 이 병은 857년 칸텐이라는 라인강 하류 정착지에서 일어난 사례가 제일 처음 기록됐다. 기록에 따르면, 마을 주민들에게 물집이 생겼고 심지어 팔과 다리가 떨어져나간 사람도 있었다고 한다. 한 세기쯤 뒤엔 파리에서도 피해가 기록됐는데, 희생자들이 팔과 다리에 타는 듯한 화끈거림을 느꼈다고 한다. 실제로 중세에는 맥각병이 주기적으로 돌았다. 그 증상을 성 안토니우스(성인 대 π 안토니우스는 피부질환 환자를 치유하고 수호하는 성인으로 여겨진다.─옮긴이)와 연관지어, 이 병에 걸린 사람들은 유럽에 있는 그의 성물함으로 순례를 갔다. 성 안토니우스 기사단의 집들은 이 병을 상징하는 의미로 벽이 붉게 칠해져 있었다. '성 안토니우스의 불'이라고도 부른 이

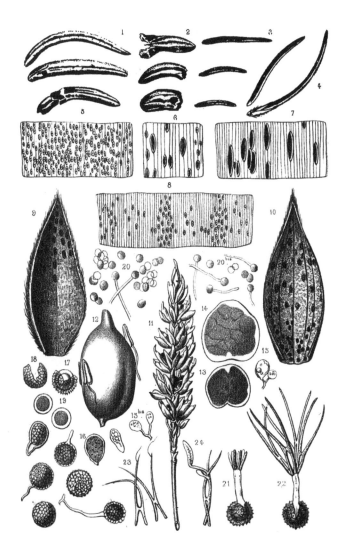

맥각병 감염에 취약한 다양한 곡물의 도해. 감염된 곡물을 섭취하면 여러 가지 심각한 증상이 나타났다. 그중 가장 심각한 것은 손과 발의 살점이 떨어져나가는 증상이었다. 호밀 대신 맥각균에 저항력이 강한 밀을 주식으로 삼으면서 맥각병의 발생 빈도는 점차 줄어들었다.

병의 증세는 역사에도 영향을 미쳤다. 1722년 러시아 차르 표트르 대제의 군대가 터키 군대에 섬멸당했을 때, 러시아 기병대원들이 맥각균에 감염된 빵을 보급받아 먹고 병을 앓은 것이 패배의 원인이라는 이야기가 돌았다. 당시 기병대원들은 경련에 시달렸을 뿐 아니라 마치 동상에 걸린 것처럼 손발의 살점이 떨어져 나가는 증세를 겪었다고 한다.[42]

호밀 대신 비교적 맥각균에 저항력이 강한 밀로 주식이 대체되고, 맥각균과 그 피해에 대한 인식이 확산되면서 감염은 점점 줄어들었다. 한걸음 더 나아가, 사람들은 이 균에 유용한 면도 있음을 발견했다. 중세에는 산파들이 맥각균 소량을 산모에게 투여해 자궁 수축을 유도하고 분만을 촉진시켰고, 오늘날에는 편두통을 완화하는 데 사용하기도 한다.[43]

세균과 마찬가지로 곰팡이도 자연 상태에서는 완전히 해롭지도 완전히 이롭지도 않은 두 얼굴을 갖고 있음이 알려졌다. 곰팡이의 이런 성격을 이해하면서 그 연구도 영향을 받았다. 1601년 프랑스의 식물학자 카롤루스 클뤼시우스는 처음으로 곰팡이를 분류한 사람으로, 곰팡이를 먹을 수 있는 것과 독성이 있는 것으로 나누었다. 비록 이 목표는 느리고 불확실한 소통에 가로막히기 일쑤라 느리고 불확실한 진전을 이루었으나, 그의 분류는 곰팡이와 병의 관계에 주목한 선구적인 시도였다. 학자들은 잘못 추측하는 경우가 많았다. 이를테면 곰팡이가 병의 원인이 아니라 결과라고 생각했다(이런 믿음은 18세기 말까지도 공고했다). 그들은 쭉 병충해가 유성, 동물, 해충 때문이라고 여겼다. 이렇게 잘못된 생각이 지속될 수 있었던 것은 범인이 우리 눈에 보이지 않아서다. 네덜란드 상인 안토니 판 레이우엔훅이 직접 만든 현미경으로 효모가 발아하는 모습을 최초로 관찰하고 나서야 비로소 과학자들은 우리 눈에 보이는 세계에 그토록 많은 문제를 일으킨 이 유기물에 대해 조금씩 이해하기 시작했다.

과학자이자 건축가, 왕립학회 위원이자 실험 감독관, 그레섬대 기하학 교수, 런던시 측량사였던 로버트 훅은 자신이 직접 고안해 제작한 복합 현미경으로 미세균류의 세계를 관찰해, 그 내용을 1665년에 『마이크로그라피아Micrographia』라는 책으로 펴냈다.

> 동물성 물질이든 식물성 물질이든, 다양한 생명체의 부패한 몸에 푸른색과 흰색의 곰팡이가 솜털처럼 핀 부분을 관찰해봤더니 (…) 전부 그냥 작고 다양한 모양의 버섯 종류나 마찬가지였다. 이 버섯은 특정 종류의 식물에 반응해 (…) 이 썩어가는 생물체에서 자신에게 필요한 물질을 얻는다.[44]

후크의 설명은 어찌나 설득력이 대단했던지, 영국의 일기문학 작가 새뮤얼 피프스는 그의 책을 "내 평생 읽어본 책 중 가장 뛰어난 책"이라 칭찬하면서, 그 책을 읽느라 아침까지 깨어 있었다고 고백했을 정도다.[45] 후크의 책에는 역사상 최초로 미세균류 그림이 실렸는데 그중에는 털곰팡이와 프라그미디움 뮤크로나툼Phragmidium mucronatum, 즉 장미녹병 곰팡이를 멋지게 그린 삽화

후크가 자신의 책 『마이크로그라피아』(1665)에 실은 미세균류 삽화. 후크는 선구적인 연구로 우리 눈에 보이지 않는 미생물의 영역을 가시화했지만, 이 미세균류가 번식하는 과정에 대해서는 상당히 어렴풋한 추측만 내놓았다.

가 포함됐다. 후크는 또한 버섯의 내부 구조도 최초로 설명했다. 그러나 이것이 대체 어디에서 나타나는지는 그에게도 수수께끼였다. 그는 "버섯이 씨앗에서 자랐을 것" 같지는 않다고, 그보다는 "그 구성 물질의 특성 때문에 자연적이거나 인공적인 열이 가해지면 쉽게 성장이 촉발되는 것 같다"고 썼다.[46]

한 세기 뒤에 아고스티노 바시라는 어느 병약한 관료가, 곰팡이가 번식하는 방법만이 아니라 숙주를 감염시켜 병에 걸리게 만드는 원리를 이해하는 데 한발짝 더 나아갔다. 1773년에 이탈리아 롬바르디아 지역에서 태어난 바시는 나폴레옹 치하에서 관리를 지냈다. 아마도 그는 이 편한 직장을 계속 다니고 싶었을 테지만 직장을 그만두지 않으면 안 될 정도로 건강과 시력이 나빠져, 모든 걸 정리하고 마이라고에 있는 아버지의 농장으로 갔다. 그곳에서 농업 및 과학 연구에 헌신하며 목양에 관한 460페이지짜리 책까지 썼다. 그는 어렸을 때부터, 이탈리아와 프랑스의 실크 산업을 뒤흔든, 누에에 생기는 경화병에 관심을 가져왔다. 이 관심은 살아오는 내내 이어져, 누에를 가지고 별별 이상하고 때로는 기괴하기까지 한 온갖 실험을 했다. 그는 "누에에 별 희한한 처치를 다 하여, 이 불쌍한 벌레 수천 마리가 천 가지 방법으로 죽었다"고 썼다. 누에를 종이봉투에 집어넣고 봉한 다음 불을 땐 난로 굴뚝 안에 걸어놓은 적도 있었다. 그렇게 말린 누에를 한동안 지하실에 놓아두었더니 시간이 지나면서 말린 누에가 경화병에 걸린 것처럼 보였지만, "전염력"은 없었다. 이런 실패에 이 예민한 이탈리아인은 "너무 굴욕감이 들어 아무와도 말을 나누기 싫고 아무것도 하기 싫은 상태가 되었으며 극심한 우울증에 시달렸다".[47]

하지만 이런 무기력 상태는 그리 오래가지 않았다. 바시는 다시 각오를 새롭게 다지고 그때까지와는 완전히 다른 접근법으로 실험을 계속했다. 경화병은 당시에 흔히 생각했듯이 저절로 생기는 게 아니라, "외부의 균"에서 온다는 가설을 세운 것이다. 하지만 이 새로운 접근법을 사람들은 순순히 받아들이지 않았다. 바시는 병든 누에를 뒤덮고 있는 백화 현상을 다시 들여다보았다. 이게 바로 범인인지도 모른다고 생각한 바시는 후크의 현미경과 같은 방식으로 만든 자신의 복합 현미경으로 관찰하여 "곰팡이처럼 보이는 의문의 기생식물"을 발견했다. 일련의 실험을 통해 바시의 이론이 맞았음이 입증됐다. 죽은 누에 피부에 곰팡이가 퍼지면서 다른 누에들에게로 이 병이 옮았고, "병이 생긴 경로를 추적해보자 전부 감염된 누에나 오염된 사육실 또는 사육 도구가 나왔다".[48]

바시는 곰팡이가 병을 옮기는 매개체라는 사실을 밝혀낸 것이다. 그는 1834년 파비아의 임페리얼 로열 대학 의학 및 철학과 교수 아홉 명으로 구성된 위원회 앞에서 자신의 발견에 이른 실험을 재현해 보였다. 몇몇은 판단을 유보했지만 위원회는 이 실험 결과가 믿을 만하다고 판가름했다. 일부는 의구심을 제기했지만 바시는 거기에서 그치지 않고 뽕나무, 포도나무, 감자의 병충해에까지 관심을 돌렸다.[49] 그즈음 영국에서는 동물학자 리처드 오언이 런던 동물원에서 죽은 홍학을 해부해 폐가 곰팡이로 뒤덮여 있는 모습을 발견했다. 오언은 내생곰팡이가 홍학을 죽게 한 원인이라고 결론지었다. 파리에서는 뒤마 부자, 리스트, 쇼팽, 조르주 상드의 주치의였던 더비드 그루비가 마른버짐, 아구창 같은 인간의 질병이 곰팡이와 관련돼 있음을 밝혀냈다.[50] 유럽 전역에서 이와 관련된 실험이 이루어졌고 결국 하나같이 곰팡이가 식물, 동물, 사람 모두에 질병을 일으키는 원인이라는 한 가지 통찰로 귀결됐다.

과학자들은 마침내 이 미생물이 다양한 형태로 세상에 존재하면서 다양한 해를 끼친다는 점을 과학적 사실로 확립했다. 하지만 어떻게 그렇게 하는 건지는 여전히 오리무중이었다. 이에 관한 지식을 얻으려면 아직 한참을 더 기다려야 했다. 19세기 초까지 곰팡이에 관한 대부분의 출판물은 유럽, 특히 프랑스와 독일에서 나온 것이었다.[51] 영어 사용국에서의 출판은 20세기가 돼서야 이루어졌다. 곰팡이에 관한 학문인 진균학이 분과 학문으로 등장 또한 이때였다(이에 덧붙이자면, 천문학이 그랬듯 진균학 분야에도 언제나 아마추어 연구자들이 많았다. 실제로 많은 발전이 진균학회를 기반으로 이루어졌지만, 아마추어 연구자의 기여도 그에 못지않았다). 이처럼 연구의 진전이 더뎠던 탓에, 헤아리기 힘들 정도로 많은 종류에 비해 정체가 밝혀진 곰팡이는 몇 종류 안 됐을 뿐 아니라 인간의 건강이나 식생활에 유익한 곰팡이에 대한 연구는 더 제대로 이루어지지 않았다. 지금도 이 곰팡이 세계는 방대한 만큼이나 우리에게 생경하다.

곰팡이는 이처럼 우리에게 생경하고 방대할 뿐 아니라 이 지구상에 꼭 필요한 존재다. 곰팡이 왕국의 도움이 없다면 우리의 왕국도 빈약하기 짝이 없을 것이다. 곰팡이에 관한 간략한 역사에서 기억해야 할 교훈이 하나 있다면 우리가 이 생물에 감사하면서도 이를 조심히 다루어야 한다는 사실이다. 과학과 의학 문헌에는 곰팡이의 양면성과 효과에 대한 이야기가 넘쳐난다. 예를 들어 페니실륨Penicillium속 곰팡이 다수가 그렇다. 그중 일부는 맛있는 치즈를 만드는 데 관여하는 반면 다른 일부는 간, 신장, 뇌에 손상을 일으킨다.

해로운 곰팡이를 섭취해도 곤란하지만 유익한 곰팡이를 너무 많이 섭취해도 그만큼 곤란할 수 있다. 칸디다 케피르는 요즘 매우 인기 있는 시큼털털하고 톡 쏘는 맛이 나는 음료를 만들지만 우리를 위험에 빠뜨리기도 한다. 어느 산모는 케피르와 요구르트를 자주 먹고 생치즈를 하루에 세 차례씩 먹는 등 유제품을 과다 섭취한 결과, 쌍둥이 태아가 급성 곰팡이 감염증에 걸리고 말았다.[52] 자기 집에서 맥주를 양조하는 데 열성적이었던 한 호주인은 템페를 만드는 데 필수적인 곰팡이 중 하나인 리조푸스 오리제Rhizopus oryzae가 맥아즙을 통해 결국 그의 소장에까지 들어가 치명적인 병을 앓았다.[53] 드물기는 하지만 분명히 주변에서 이런 일이 일어나는 만큼 곰팡이는 항상 매우 신중하고 조심스럽게 다루어야 한다(특히 면역력이 약화된 상태라면 더 조심해야 한다).

주의해야 할 점에 대해 어느 정도 이야기했으니, 다음 장에서는 발효 식품을 만드는 데 필수적인 또다른 미생물인 세균에 대해 살펴보자.

일상의 기적

사워크라우트, 김치

FERMENTED
FOODS

Fermented Foods

따지고 보면 순회재판소 판사도 그렇게까지 천박한 사람은 아니지만, 재판 일을 하는 틈틈이 법학 공부를 더 하는 대신 꾸역꾸역 먹어대느라(고대 로마의 킨킨나투스처럼) 화장실에나 들락거리기 바쁘다. 그는 정의의 칼을 손에서 내려놓을 때면 대신 양배추 칼을 휘둘러 겨울에 두고두고 먹을 사워크라우트를 만든다.

— 헨리 메이휴, 『오늘날 작센에서 본 독일인의 생활과 예절』(1864)[1]

인간이 농사를 짓기 시작한 신석기시대 때부터 20세기 초까지 인간의 식생활은 빵과 술을 중심으로 이루어져왔다. 부자들은 이것들을 비축하고 팔아 돈을 벌었고 나머지 사람들은 이것들에 전적으로 의존해 필요한 칼로리를 섭취했다. 말 그대로 빵은 생명의 양식이었고, 술은 그 양식을 얻기 위한 노동이 얼마나 고달픈지 잊게 해주는 수단이었다.

하지만 사람들이 빵과 맥주만 먹고 산 건 아니다. 때로는 더 영양이 풍부한 음식, 이를테면 채소, 유제품 그리고 가끔씩은 고기도 먹으면서 단조로운 메뉴를 보완했다. 그러나 금방 상하기 쉬운 이런 음식을 식탁에 올리려면 보관에 상당히 신경을 써야 했는데, 여기에 발효만큼 유용한 방법도 없었다. 발효는 불확실한 미래의 대비책으로, 현재의 불안을 한결 완화시켜주었으므로. 그리하여 문화권마다 각자 자기네 풍토에 적합한 고유의 발효 식품을 만들어왔고, 덕분에 지구상에는 셀 수 없이 다양한 발효 식품이 존재한다. 보통 사람들의 일용할 양식이었던 발효 식품은 대륙을 건너고 망망대해를 항해하는 데 꼭 필요한 비축 식량이 되면서 점점 더 중요해졌다. 곡물이나 술과 마찬가지로 발효 식품 역시, 가끔씩 어려움에 부딪히기도 했지만 가깝고 먼 곳으로 수입하고 수출하는 상품이 됐다. 또한 발효 식품은 수백 년간의 관찰 끝에 탄생한, 우리 인간의 독창성과 지혜의 증거물이기도 하다. 이유를 설명하진 못해도 사람들은 발효 식품이 건강을 지켜주고 이걸 안 먹으면 병에 걸린다는 사실을 알았다. 요컨대 발효 식품은 일상에서 일어나는 하나의 기적이었다.

1768년, 탐험가이자 영국의 해군 선장이었던 제임스 쿡은 항해를 앞두고 휘하의 선원 전원에게 매주 사워크라우트를 900그램씩 반드시 먹도록 명령했다. 선원들은 달가워하지 않았다. 독일 음식인 사워크라우트가 그들에게는 생경한 음식이었던 탓이다. 선원들이 순순히 명령에 따른 것은, 성장盛裝을 한 장교들이 누가 보아도 맛있게 그걸 먹는 모습을 본 뒤부터였다. 생김새가 전혀 구미에 당기지 않았던 음식에 대한 태도가 그제야 바뀌었다. 심지어 그들은 나중에는 사워크라우트를 "세상에서 가장 훌륭한 음식"이라고까지 생각하게 됐다.[2]

쿡이 선원들에게 이국적인 음식을 먹인 데는 그만한 이유가 있었다. 이 삭힌 양배추 한 접시를 먹으면 150그램의 비타민 C를 섭취하는 셈이었다. 이걸 식초와 겨자 그리고 농축 오렌지주스나 레몬주스와 함께 먹으면 수백 년간 선원들을 끔찍한 고통으로 몰아넣었던 괴혈병과 멀어질 수 있었다. 1519년, 포르투갈 탐험가 페르디난드 마젤란은 배 세 척과 선원 이백 명을 이끌고 항해에 나섰다. 그러나 3년에 걸친 세계 일주를 끝냈을 때 고향으로 돌아온 건 달랑 배 한 척과 선원 18명뿐이었다. 선원 대부분이 괴혈병으로 목숨을 잃은 탓이었다.

괴혈병은 빈약한 식사에서 비롯된 총체적인 결핍으로 인한 증상 가운데 가장 심각한 증상이었을 것이다. 마젤란의 선원들은 비스킷 조각과 오염된 물로 근근이 버텼다. 하지만 이후의 항해자들은 그들의 경험에서 별로 배운 게 없었음이 분명하다. 장기 항해를 앞둔 18세기의 영국 배에는 소금에 절인 소고기와 돼지고기 및 생선, 맥주, 럼주, 밀가루, 말린 콩과 귀리, 치즈, 버터, 당밀, 건빵 같은 음식이 가득 실렸다. 서양에선 이런 음식이 선원에게 제공되는 표준 음식이었다. 네덜란드 사람은 라드와 사워크라우트를, 스페인 사람은 올리브오일과 다른 채소절임을 더 많이 먹었겠지만, 녹말과 단백질 그리고 극소량의 비타민 C가

제임스 길레이, 〈사워크라우트를 먹는 독일인들〉, 1803, 에칭. 중부 유럽과 저지대 국가에서 흔히 먹던 발효 양배추는 영국 사람들에게 생경했지만, 이 음식에 영양이 풍부하다는 걸 알고 그들도 곧 즐기는 법을 배웠다.

ARCH-DUKE CHARLES

Bill of
Fare
1st Course
2nd Course
3rd Course
Dessert

든 음식이라는 기본 구성은 같았다.[3] 하지만 그마저도 순식간에 썩어나갔다. 건빵과 절인 고기에는 곰팡이가 피고 구더기가 우글댔다. 치즈는 악취를 풍기거나 선원들이 일부 조각을 떼어내 단추로 쓸 만큼 딱딱해졌고, 맥주와 물에서는 시큼한 맛이 났다. 이런 음식에 들어 있었을 얼마 안 되는 영양분마저 선원들의 입에 닿기도 전에 파괴된 것이었다.

선원들이 그런 식생활의 결과를 직접 확인하게 되는 데는 고작 몇 주밖에 걸리지 않았다. 잇몸이 벌겋게 부어오르고 고약한 입냄새가 나는가 하면, 점점 무기력하고 의기소침해졌다. 온몸에 거무튀튀한 종기가 생겼고 사지의 살갗이 괴사했다. 모두 괴혈병 증세였다. 영국 배를 탔던 어느 외과 의사는 다음과 같이 기록했다.

잇몸 전체가 썩어들어가고 거기서 시커멓게 썩은 피가 흘러나왔다. 허벅지와 종아리 살이 검게 변하면서 괴사했다. 나는 이 시커멓게 썩은 피를 빼내려고 날마다 칼로 살을 찔러야 했다. 그리고 치아 위로 시퍼렇게 부풀어오르는 잇몸에도 칼을 대야 했다.[4]

오래지 않아, 이 불운한 외과 의사가 묘사한 극단적인 치료법이 더는 필요없게 됐다. 비타민 C가 지닌 예방 능력을 발견해낸 덕분이었다. 사실 사워크라우트에 비타민이 특별히 많이 든 건 아니었다. 하지만 괴혈병을 막기에는 충분했다. 특히 다른 음식과 함께 먹는다면 말이다. 이 음식에는 중요한 한 가지 장점이 더 있었다. 젖산 발효 식품인 사워크라우트는 대체로 식품 저장고에서 가장 마지막까지 상하지 않은 상태로 먹을 수 있는 음식이었다. 이 톡 쏘는 맛의 유산균 덩어리 음식을 날마다 먹은 쿡의 선원들은 머나먼 땅을 탐험할 수 있을 정도로, 그리고 유감스럽게도 그 땅의 등골을 뽑아먹을 수 있을 정도로 너끈히 건강을 유지할 수 있었다.

쿡의 사워크라우트는 교역(또는 약탈) 대상을 찾아 항해에 나서는 일에서부터 전쟁을 일으키거나 제국을 건설하는 일에 이르기까지, 인간 활동의 범위와 규모를 넓히는 데 발효 과일 및 채소가 작지만 얼마나 중요한 역할을 했는지를 완벽하게 보여주는 예다. 사실 그 역사는 훨씬 더 오래전으로 거슬러올라간다. 기원전 3세기에 중국에서 만리장성을 쌓는 데 동원됐던 사람들 역시 젖산 발효 채소를 먹으면서 체력을 유지했다. 로마 병사들은 점령지마다 채소를 재배했는데, 아마 그 수확물의 상당량을 소금에 절여 보관했을 것이다. 비록 비타민 C의 절대적인 중요성은 1930년대에 헝가리 출신의 생화학자 얼베르트 센트죄르지가 아스코르브산과 비타민 C가 인간의 신진대사에서 하는 역할을 발견하고 나서야 알려졌지만, 발효 과일 및 채소가 식량 부족 상황에 대비하는 훌륭한 저장 식품으로 여겨진 것은 아주 오래전부터였다. 다른 주식과 마찬가지로 이런 발효 음식에도 신성을 결부시키는 문화를 심심치 않게 찾아볼 수 있다. 예컨대 기독교 전파 이전의 리투아니아인들은 신전에 로구스지스Roguszys라 부르는, 피클과 맥주의 신을 다른 신들과 함께 모셨다.[5]

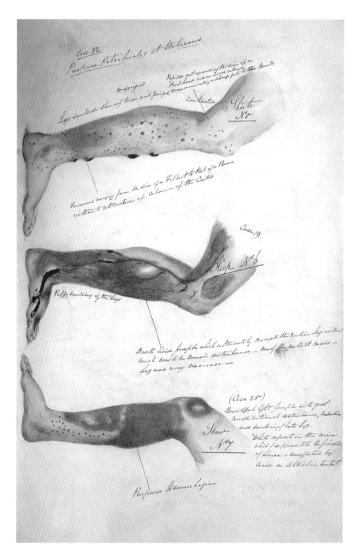

헨리 월시 머혼이 수첩에 그려놓은 괴혈병의 여러 증상들, 1840. 괴혈병이 비타민 C 부족으로 생기는 병이라는 사실을 이해하기 전까지 영국 선원들은 계속해서 이 병으로 고통을 겪었다. 그러나 마침내 병에 대해 파악하고, 자신들의 입맛에는 생소한 사워크라우트에 비타민 C가 충분히 함유돼 있으므로 이걸 섭취하면 병이 예방된다는 사실도 알게 됐다.

비타민 C가 인간의 대사와 영양에 어떤 역할을 하는지 발견한 헝가리 화학자 얼베르트 센트죄르지. 양배추를 발효시켜 사워크라우트로 만드는 건 아주 오래전부터 이용해온 저장 기술이다. 나중에는, 이렇게 하면 양배추를 생으로 먹을 때보다 아스코르브산의 생체 활용률도 더 높아진다는 사실 또한 알게 됐다.

이처럼 세계 각지의 민속 문화에서 다채로운 방식으로 신이 등장하지만, 발효 음식을 만든 건 신이 아니다. 부패를 막는 이 기적 같은 힘은 세상에서 가장 보잘것없는 생물들의 활동 덕분이다. 참나무 잎이나 오이 같은 식물에는 젖산균이 서식하고 있어서, 그 식물을 소금물 등의 절임물에 담그거나 다른 방법으로 발효시키면 젖산균이 증식하고, 그 결과 매개물은 산성으로 변한다(예컨대 후추 줄기를 우유에 넣어 요구르트를 만들 수 있다). 유산균은 그람 양성균gram-positive bacteria(여러 겹의 폴리머 펩티도글리칸 층으로 이루어져 있다), 조건혐기성균(산소 없이도 살 수 있다), 비-포자생성균에 속하고, 운동 능력이 없으며, 산acid에 저항력이 있다. 동그란 모양도 있지만 보통은 둥근 막대 모양이다. 젖산균이 만들어내는 산은 더 위험할 수도 있는 세균의 증식을 막아준다.[6] 젖산균은 미네랄과 탄수화물이 많은 환경을 선호한다. 그래서 와인과 맥주, 채소나 우유를 이용한 발효 식품에 들어 있는 것이다. 하지만 물질대사 능력도 강해 거의 어디에서나 살 수 있고 거의 모든 조건에서 생존할 수 있다. 이를테면 장시간 저장해두거나 기온이 극단적으로 떨어져도 살아남는다. 젖산균은 식물만이 아니라 인간과 다른 동물의 몸에서도 종종 발견된다. 이 균이 음식을 손쉽게 발효시키는 것도 바로 이런 뛰어난 생존력 덕분이다.[7]

미생물이 발효 음식을 만들어내는 방식은 이것이 정상발효균 homofermentative인지 아니면 이상발효균heterofermentative인지에 따라 달라진다. 이런 명칭은 성적 지향과는 아무 관련이 없고, 미생물이 탄수화물을 발효시킬 때 만들어내는 부산물과 관련된다. 정상발효균은 포도당을 섭취하고 주요 부산물로 젖산을 만들어낸다. 이런 균은 주로 요구르트나 치즈 같은 유제품을 만드는 종균으로 쓰인다.[8] 이상발효균은 포도당을 섭취하고 그 부산물로 젖산, 에탄올, 아세트산, 이산화탄소 등을 만들어내는데, 이때 어떤 부산물이 얼마나 나올지 예측하기란 불가능하다. 그러므로 안정적인 발효 식품을 만들 땐 이 균을 잘 쓰지 않는다. 이 균을 쓸 경우, 치즈가 갈라지거나 깨지고 요구르트가 부풀어 올라 포장이 터지는 경우가 생기기 때문이다. 젖산균은 구연산염, 글루콘산염, 일부 아미노산 등의 물질과 결합하여 가스를 만들어낼 때도 있다. 이 가스를 잘만 통제하면 버터밀크, 사워크림, 발효버터 같은 발효 식품의 풍미나 식감 등이 더 좋아지지만, 제대로 통제하지 못할 경우 발효 자체를 망칠 수도 있다.[9]

이상적인 조건에서의 젖산 발효는 극본이 잘 짜인 연극과 비슷하다. 어느 한 가지 세균이 지배하지 않는다는 이야기다. 발효가 진행되면서 세균이라는 등장인물들이 제각각 자기 역할을 하면서 저만의 맛과 향을 뿜어내고, 이것이 다 같이 어우러져 기분좋은 복잡한 향미를 낸다. 쿡이 사랑한 사워크라우트를 예로 들어보자. 양배추를 통에 꽉꽉 담는 제1막에서는 호기성 세균이 양배추와 물이라는 무대의 전면에 나서고 다수의 다른 미생물이 조연 역할로 등장해 각자 열심히 주어진 역할을 한다. 그러면 양배추가 발효하면서 젖산, 아세트산, 포름산, 호박산을 만들어내고, 양배추 물에는 거품이 생긴다. 시간이 지날수록 활동성은 증가하고 pH는 내려간다.

제2막에서는 이상발효 젖산균이 등장해 젖산 농도를 1퍼센트까지 높인다. 그렇게 산소는 부족하고 염도는 높고 pH는 낮은 상태가 되면 이번에는 정상발효 젖산균이 무대를 장악하고 젖산 농도는 1.5~2.0퍼센트까지 올라간다. 그리고 마지막으로, 이것은 조제 식품 가게 등의 나무통에서 숙성하는 사워크라우트에서만 일어나는 일이지만, 락토바실루스 브레비스Lactobacillus brevis가 세포벽이 무너지면서 방출된 오탄당(다섯 개의 탄소 원자가 있는 단당류)을 먹는 일부 이상발효균과 함께 제3막으로 우리를 안내한다. 이제 산 농도는 2.5퍼센트까지 올라가고 마침내 풍부한 향미를 발산하는 사워크라우트가 완성되면서 막을 내린다.[10]

산성화된 배지에선 식중독균 같은 바람직하지 않은 미생물이 살기 어렵다. 그러나 배지가 지나치게 산성화되면 결국 젖산균이 증식을 멈춘다. 마지막 단계에선 젖산균 등의 내산성 균이 주가 되고 이것이 발효 채소의 저장 안정성을 유지시킨다.[11]

채소 발효는 절차가 간단할 뿐 아니라 어느 정도 고정적인 탓에 이것이 허용하는 범위가 얼마나 다양한지를 잊기 쉽다. 다른 식품 발효처럼 채소 발효 역시 미생물, 환경, 주재료, 그 외 잡다한 요소들과의 복잡한 상호작용에 의존한다. 따라서 채소 발효의 특징은 하나같이 발효시키는 장소의 특징을 띤다. 하지만 특정 지역의 발효법이 다른 지역에서 활용되거나 응용되는 경우도 있다. 예를 들어 사워크라우트는 쿡 선장의 배에서 활용된 뒤로 더는 네덜란드 음식에 국한되지 않게 됐다(사실 사워크라우트는 원래 네덜란드 음식도 아니었다. 애초에 중국 북부 지역의 몽골인들이 만들어 먹던 음식일 가능성이 높다). 일단 사워크라우트가 영국인들에게 친숙해지자 그들은 사과나 배뿐 아니라 딜, 참나무 잎, 체리 잎 등을 넣어 자기네 입맛에 맞게 만들기 시작했다. 독일인들은 캐러웨이 씨앗을 잔뜩 넣은 사워크라우트를 선호했고, 타타르인들에게서 발효법을 전수받았다고 전해지는 폴란드인들은 야생 버섯을 넣는 걸 좋아했다.

하지만 발효 식품끼리는 공통점도 발견된다. 특히 만드는 과정이 유사하다. 사워크라우트를 만드는 것과 놀라울 정도로 유사한 기술이, 시공간의 차이가 엄청난 지역에서도 활용된다는 이야기다. 구덩이 발효가 그 한 예이다. 쿡의 시대에는 소금에 절인 양배추를 큰 나무통이나 가장자리를 나무로 덧댄 특별한 구덩이에 넣고 발효시켰지만 오늘날 유럽에선 이처럼 대량으로 사워크라우트를 만드는 일은 드물다. 그러나 남태평양에서는 아직도 이런 방법이 활발히 이용된다.[12] 이곳 섬나라 사람들은 구덩이를 파고 거기에 바나나 잎을 깔아 흙이 들어가는 걸 막은 다음, 깨끗하게 씻어 말린 전분기 많은 과일과 채소, 이를테면 바나나, 플랜틴, 카사바, 밤나무 열매, 토란, 고구마, 칡, 참마 등을 넣는다. 그리고 맨 위를 바나나 잎으로 덮고 그 위에 다시 돌을 올려 눌러둔다. 구덩이에 넣은 내용물은 3주에서 6주가 지나면 발효된다. 그러면 그걸 꺼내 물에 불리거나 햇볕에 말린다(구덩이에서 갓 꺼낸 발효물에선 스위스 치즈에 독특한 향미를 더해주는 프로피온산 때문에 코를 찌르는 듯한 냄새가 난다고 한다). 이 수고스러운 과정의 마지막 단계인 삶기가 끝나면 비로소 장기 보존할 준비가 된 것이다.[13]

구덩이 발효법은 태평양의 머나먼 섬만이 아니라 아시아에서 가장 높은 지대에도 남아 있다. 히말라야 사람들은 그 방식으로 군드룩gundruk이라는 녹색 잎채소 발효 식품을 만든다. 그 방법을 쓰게 된 유래를 말하자면 다음과 같다. 고대 네팔의 농부들은 가끔씩 전쟁의 위협이 닥칠 때면 마을을 떠나 멀리 도망가야 했고, 그때마다 그들이 남겨둔 벼와 잎채소가 밭에서 썩거나 침략자의 손에 넘어가는 일이 생겼다. 그러던 중, 역사에 기록되지 않아 그 이름은 묻힌 어느 족장이 벼도 잎채소도 지킬 만한 참신한 아이디어를 하나 떠올렸다. 그는 농부들에게 어떻게든 침략자의 눈에 안 뜨이는 곳에 채소 저장고를 만들라고 했다. 농부들은 그 계획을 실행하고자 구덩이를 파고, 수확해둔 쌀과 무로 그 안을 채운 다음 짚과 진흙으로 덮었다. 전쟁의 위협이 사라지거나 습격대가 딴 곳으로 가면 그들은 마을로 돌아와 구덩이에 묻어둔 쌀과 채소를 꺼냈다. 쌀에서는 안 좋은 냄새가 났지만 채소는 기분좋게 새콤한 맛이 났다. 며칠 햇볕에 말리고 나면, 특히 피클과 수프에 넣었을 때 맛이 더 좋았다. 게다가 채소는 보존력이 아주 좋아져서, 더 오래 보관하거나 먼 길을 떠날 때 가져갈 수 있을 정도였다. 히말라야의 긴 장마철이나 여행길에 안성맞춤이었다. 그리하여 마침내 군드룩은 네팔 사람들의 주식이 되었다.[14]

이처럼 발효를 위해 땅에 구덩이를 파는 경우가 흔했지만 다른 방법을 찾아낸 문화권도 있다. 바로 항아리를 이용하는 것이다. 이 방법 역시 아주 오래전부터 이용되었으며 오늘날까지도 이어지고 있다. 예컨대 한국에서 가장 많이 먹는 채소 젖산 발효 음식인 김치 역시 수백 년째 이 방법으로 담그고 있다. 통일신라 시대에 작성된 어느 기록에는 속리산 법주사에서 채소 절임을 만들 때 필요한 물건들이 나열되어 있는데, 그중엔 옹기도 포함된다.[15] 김치라는 말이 최초로 등장하는 문서는 고려시대 중반으로 거슬러올라간다. 당시의 어느 시인이(이규보가 「가포육영」이라는 시에서 "무 장아찌 여름철에 먹기 좋고 소금에 절인 순무 겨울 내내 반찬 되네"라고 읊은 대목을 가리키는 듯하다.―옮긴이).[16] 한국인

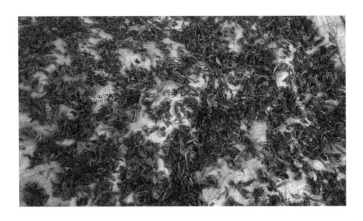

콜리플라워 잎으로 만든 군드룩. 초록 잎에서 알싸한 맛이 나는 구덩이 발효 식품 군드룩은 맛과 휴대성 및 저장성이 뛰어나 네팔인의 주식이 되었다.

들은 악귀를 쫓는다며 소금물에다 마늘과 고추를 넣었는데, 어쨌든 이 방법 덕분에 해로운 미생물이 제거됐다. 그 외에도 생강이나 귤껍질, 수박, 배 등도 고명으로 종종 사용했다.

시인의 말처럼 계절은 최고의 맛을 내는 김치의 종류뿐 아니라, 김치를 만들고 저장하는 방법에도 영향을 미쳤다. 전통적으로 배추를 수확하는 여름엔 김치가 제대로 보존되는 시간이 불과 며칠 정도밖에 되지 않았다. 더 오래 보존하기 위해 그들은 김치를 우물 밑에 넣어두거나 땅속에 묻는 방법을 이용했다. 이런 방법 덕분에 더운 날씨에도 변질되는 일을 막을 수 있었고, 신선한 배추를 구경할 수 없는 겨울에도 내내 채소를 먹을 수 있었다. 하지만 김치는 단순히 배고픈 시기를 대비한 식량만이 아니었다. 발효 과정에서 풍미가 매우 좋아져 김치는 각종 요리의 양념으로도 즐겨 활용됐다. 지금까지도 한국인들은 거의 끼니때마다 김치를 빼놓지 않고 먹는다.

동양에 김치가 있다면 서양에는 올리브가 있다. 김치와 마찬가지로, 올리브를 항아리에 넣고 발효시키는 풍습도 아주 오래전으로 거슬러올라간다. 열매를 얻기 위해 올리브 나무를 키운 것은 기원전 12세기부터다. 소아시아에서 처음 시작되어 점점 시리아, 그리스, 아프리카 일부 지역(이집트, 누비아, 에티오피아, 아틀라스산맥 일대)과 유럽 일부 지역으로까지 전파됐는데, 거기에는 로마인들의 역할이 컸다. 그들이 사랑해 마지않은 포도원의 경우처럼 기후 등의 조건만 맞으면 곳곳에 올리브 나무를 심었다.[17] 1세기의 농업 저술가 콜루멜라는 올리브 나무가 손이 적게 가면서도 열매를 많이 맺는다는 점에서 '나무의 여왕'이라고 칭송했다.

콜루멜라의 칭송은 결코 틀린 말이 아니었다. 이 두 가지 장점 덕분에 올리브는 무역에 실로 이상적인 과실이었다. 로마 시대의 난파선들에서도 올리브 씨로 가득찬 질항아리가 발견된다. 그러나 올리브 나무를 재배하는 사람에게도 약간의 고충은 있었다. 열매를 발효시키기 전에는 먹기가 힘들다는 점이었다. 하지만 발효시키면, 열매에 쓴맛을 내는 올레우로페인이란 화학물질이 제거됐다. 잘 익은 올리브를 씻어서 5~7.5퍼센트 소금물에 담가두면 발효가 시작된다(당시에 덜 익은 올리브를 발효시키는 경우는 드물었는데, 덜 익은 올리브의 쓴맛을 유일하게 제거할 수 있는 가성소다는 19세기에 와서야 널리 쓰이기 때문이다). 그러면 시간이

김치를 만드는 전통적인 방법을 재현해놓은 박물관 모형. 한국의 모든 음식 중 가장 상징적인 음식일 이 김치의 종류는 셀 수 없이 다양하다. 이 발효 저장 식품은 먹을 것이 부족한 시기에 훌륭한 대비책이 되어주었다. 그 맛 또한 아주 섬세한 미각을 지닌 사람들조차 인정할 정도로 풍미가 뛰어나다.

지나면서 이 소금물이, 효모를 포함한 수많은 미생물에 점령당한다. 삼투압 현상으로 올리브에서 물이 빠져나가면 소금을 조금 더 추가해준다. 소금은 혐기성 조건과 더불어, 나중에 올리브의 당분을 놓고 젖산균과 경쟁하게 될 미생물이 번식하지 못하도록 막는 역할을 한다. 젖산균의 당분 대사 역시 소금물의 pH를 떨어뜨려 소금물을 바람직하지 않은 미생물에 더 적대적인 상태로 만든다. 항균성이 있는 올레우로페인도 젖산균에 도움이 된다(그리스, 터키, 북아프리카산 올리브에서 약간 쓰고 풍부

한 맛이 나는 건 이 올레우로페인이 살짝 남아 있기 때문이다[18]). 발효
는 락토바실루스 플란타룸Lactobacillus plantarum균과 락토바실루스 델
브루에키Lactobacillus delbrueckii균만 남을 때까지 계속된다. 이 마
지막 단계에서 효모도 침투하는데 적당한 양이 들어갈 경우 발
효 식품의 풍미를 높인다. 하지만 지나치게 많이 들어갈 경우 올
리브가 부풀어오르고 절임물이 뿌얘지면서 불쾌한 맛과 냄새가
난다. 그러니 발효 올리브를 망치지 않으려면 적정량의 효모가
들어가도록 주의 깊게 관찰해야 한다.[19]

대체로 과학적 이해가 부족했던 시대에 발효가 일어나는 원
인과 작용, 효과는 아마도 일종의 기적처럼 보였으리라. 발효로
각종 채소가 실제로 먹을 수 있는 상태로 보존됐을 뿐 아니라
영양이 풍부한 상태가 됐을 땐 더 그랬을 터다. 오늘날에도 세
계 각지에서 이런 발효가 포만과 굶주림을 갈라놓는다. 카사바
가 그 좋은 예이다. 아프리카와 동남아시아에서 자라는 일종의
관목인 이 식물의 뿌리는 이들 지역 주민과 동물의 주요 먹을거
리이다. 이 지역 사람들은 카사바를 죽, 빵 같은 주식의 형태로
먹는다. 생 카사바에는 독성이 있지만 올바르게 손질하거나 조
리하기만 하면 더없이 든든한 양식이 된다. 이걸 주식으로 먹는
사람들은 먼저 수염뿌리와 껍질을 벗겨내고 전분 덩어리인 속을
잘게 썬 다음 자루에 넣고 매달아두어 물기를 짜낸다. 그러면
카사바가 매달려 있는 동안 젖산균이 증식해 발효가 이뤄지면
서 카사바에 들어 있던 시안화물이 중화된다. 충분히 발효된 카
사바는 곱게 갈아 햇볕에 말린 다음 불에 볶는다.[20] 이 가루는

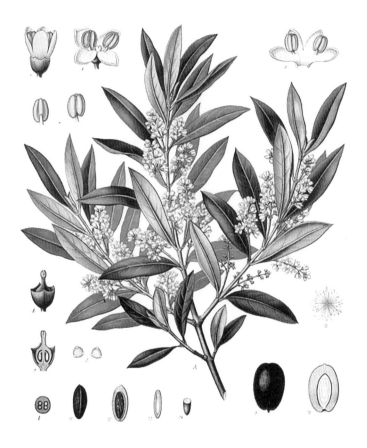

19세기 독일 교과서에 실린 올리브 나무의 잎, 꽃, 가지를 그린 삽화. 올리브는 식용으로 쓰려면 발효해야 하는 독특한 작물이다. 그리고 그런 노력을 들일 가치가 있다. 올리브는 맛이 훌륭하고 재배하기도 쉽다는 점에서 다방면으로 뛰어나다.

케이크나 빵에서부터 짭짜름한 프리터까지 온갖 음식을 만드는 데 쓰인다. 물론 그 활용 방법은 지역마다 천차만별이다. 소설가 치누아 아체베는 1958년에 쓴 소설 『모든 것이 산산이 부서지다』에서 자신의 나라 나이지리아에서 전통적으로 실행해온 방법에 대해 다음과 같이 묘사한다. "각자 기다란 수수바구니, 부드러운 카사바 줄기를 자르기 위한 마체테(정글에서 사용하는 크고 긴 벌채용 칼─옮긴이), 덩이뿌리를 캐기 위한 작은 낫을 가지고 간다. 충분히 수확했다 싶으면 그걸 두 차례에 나눠 개울로 가져간다. 그러면 얕은 웅덩이를 하나씩 차지하고 앉은 여자들이 카사바를 발효시키는 작업을 한다."[21]

수단인들은 카사바처럼 독성 있는 시클포드를 발효시키는데 아체베가 묘사한 장면과 유사한 방법을 쓴다. 잎을 찧어서 반죽처럼 만들어 질항아리에 담고 그걸 수수 잎으로 싸서 서늘하고 그늘진 땅속에 파묻는다. 그리고 사흘마다 한 번씩 섞어주면서 발효가 다 될 때까지 2주 정도 기다린다. 발효가 끝나면 반죽을 둘레 길이 3~6센티미터 정도의 공 모양으로 만들어 햇볕에 말린 다음 저장한다. 카왈kawal이라 부르는 시클포드 잎 반죽은 향이 강해서 그걸 만진 사람 몸에 꽤 오래 남곤 한다. "오른손으로 먹으면 왼손에서 냄새가 난다"라는 속담이 다 있을 정도다. 하지만 아무도 크게 신경쓰진 않는다. 반죽의 강렬한 냄새와 아린 맛이 단조로운 수프나 스튜, 구이의 풍미를 살리기 때문이다.[22]

발효와 관련해 인간이 창의성을 발휘하는 영역은 거의 모든 종류의 과일과 채소를 아우른다. 이런 창의성은 과거에도 그랬

카사바 덩이뿌리의 껍질을 벗기는 여자들. 아프리카 일부 지역에서 주식으로 활용되는 카사바는 먹기 전에 반드시 발효 과정을 거친다. 생 카사바는 자연적으로 생긴 시안화물 때문에 독성을 갖기 때문이다.

지만 지금도 세계 곳곳의 가정에서 발휘되고 있다. 채소 발효는 대부분 마을 농부가 자기 집에서 했다. 발효 과정에 주의 깊은 관심과 직관적 지식이 요구됐고, 운반에 용이하지 않은 돌이나 토기를 용기로 사용하는 경우가 많았으며, 내용물도 쉽게 상하거나 문제가 생기곤 했기 때문이다. 발효 작업이 이렇게 소박한 범위에서 이루어졌음은 이 일을 한 사람들이 어떤 삶을 살았는지 또한 어느 정도 말해준다. 전통 방식으로 만든 발효 식품은 대체로 그걸 만든 사람들이 정적이고 평화롭게 살거나, 최소한 살아가면서 격변을 자주 겪지는 않았음을 시사한다.

하지만 다른 식품들과 마찬가지로 발효 채소도 결국 표준화된 대규모 생산의 대상이 됐는데, 이는 이를 주도한 사람들이 이

동 범위가 넓고 확장주의적인 목표를 가졌음을 시사한다. 요컨 대 그들은 탐험과 전쟁에 나서고 정복하고 점령하고자 하는 사 람들이었다. 집을 떠나 먼 곳으로 모험을 떠나는 이들에겐 오랫 동안 갖고 다니며 먹을 수 있는 발효 식품이 필수였으니까.

1800년 나폴레옹 보나파르트는 유럽을 정복하기로 마음먹었 다. 이 원대한 계획을 달성하는 데 실질적으로 필요한 수많은 고 려사항에 해군 병사들을 먹이는 일도 포함되었다. 그는 배에 실 을 고기와 채소를 어떻게 준비하면 좋을지 궁리한 끝에, 긴 항 해 기간 내내 이것들이 썩지 않게 보존할 방법을 고안해내는 사 람에게는 1200프랑의 상금을 주겠노라고 공표했다. 곧 니콜라 아페르라는 프랑스 요리사가 한 가지 대담한 해결책을 내놓음으 로써 이 위대한 장군이 내민 도전장에 응답했다. 요리사는 소량 의 과일주스를 끓여 담을 만한 크기부터 양고기 한 마리를 통 째로 끓여 담을 만한 크기에 이르기까지 다양한 규격의 유리병 을 주문했다. 그리고 그 병에 음식을 넣은 뒤 코르크 마개를 만 들어 병 입구를 틀어막았다. 효과가 있었다. 음식물이 상하지 않았다. 상금을 탄 아페르는 멈추지 않고 1811년, 『모든 종류의 고기 및 채소 보존법』이란 책을 냈다. 식품 저장법에 관한 첫번 째 책이 탄생한 것이다.

그런데 아페르의 해결책에는 나름의 문제가 있었다. 유리병이 식품을 잘 보존하긴 하지만 깨지기도 쉽고 무겁기까지 해서, 울 퉁불퉁한 길이나 거친 바다로 싣고 다니기에 녹록지 않았다. 얼마 지나지 않아 영국의 발명가 피터 듀랜트가 해결책을 들고 나왔다. 아페르의 방법을 쓰되 유리 대신 양철 용기를 사용하는 것이다. 마침내 통조림이 탄생한 순간이었다. 19세기 중반에는 미국이 남북전쟁을 치르면서 그 기술이 더한층 향상되었다. 오래지 않아 통조림 음식은 병사들의 식량에서부터 요리에 서툰 주부들의 부담을 덜어주는 식품으로까지 널리 활용되기에 이르렀다. 그리하여 나중에는 집집마다 식품 저장고 선반에 과거 메이슨 유리병 수만큼의 통조림을 쌓아두게 되었다.

지금까지의 역사에서 흔히 그랬듯, 전쟁이 끝나자 산업계는 전시에 군대가 발전시킨 기술을 활용하는 작업에 나섰다. 1870년부터 1910년까지 미국 대기업들은 식량을 경작, 생산, 판매하는 시스템을 장악하기 시작했다. H. J. 하인즈 컴퍼니도 예외가 아니었다. 1869년 펜실베이니아 피츠버그 근방에 설립된 이 기업은 용기로 사용할 병을 물에 집어넣고 끓이는 대신 증기로 소독하는 신기술을 고안해냈다. 하인즈 경영진은 즉시 이 방법의 경제적 이점을 알아보았다. 이 방법을 쓰면 다종다양한 과일과 채소를 대량으로 재빨리 보존시켜 시장에 내보낼 수 있었다(이런 이점은 하인즈 제품 라벨에 적힌 '57종'이라는 광고 문구에 잘 반영돼 있다). 회사는 그때까지 우리의 어머니, 할머니, 할아버지가 해오던, 껍질을 벗기고 자르고 절이는 방법도 고안했다. 바야흐로 발효 과일 및 채소는 완전히 대량생산 시대로 접어들어, 1910년에는 6만 8천 명 이상이 이 산업에 종사하고 약 30억 개의 통조림이 생산되기에 이르렀다.[23]

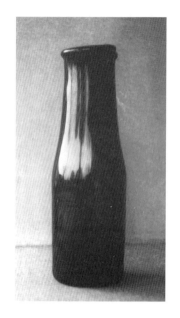

니콜라 아페르가 만든, 장기 여행시 가져갈
식품 보관용 병. 이 병이 식품을 제대로 보
존한 덕분에 아페르는 나폴레옹 보나파르트
가 수여하는 상금을 차지할 수 있었지만, 크
기나 무게나 견고성 면에서 병은 실용성이
떨어졌다.

  발효 과일 및 채소가 대량생산되면서 사람들에게 그 쓸모를
홍보할 필요가 생겼다. 하인즈는 당시에 새롭게 급성장하던 다
른 상품들의 대량판매 방식을 적극 활용했다. 주로, 대부분 여성
인 소비자에게 과시욕을 부추기고 증정품을 끼워주는 방법이었
다. 대대로 전수받아온 지식과 기술을 버리고, 쉽고 편리한 방법
을 받아들이도록 유인하기 위해 가장 흔히 동원하는 상술이었
다. 하인즈는 1893년 시카고 박람회에도 참여했다. 하인즈는 사
람들이 전시실에 들러 자사 상품을 이것저것 시식해보게 했고,
시식에 참여하는 사람에게는 자기네 로고인 작은 초록 피클 모
양의 장식 고리를 나눠주었다. 그 고리는 팔찌나 열쇠고리에 달

수 있게 만든 것으로 통조림 채소의 장점을 끊임없이 상기시키는 역할을 했다. 하지만 집밖을 나서기만 해도 광고는 차고 넘쳤다. 하인즈라는 이름이 선명하게 박힌 전광판이 도심 곳곳을 장식하면서, 공장에서 생산된 식품들에 대한 좋은 기억을 시도 때도 없이 떠올리게 했다.[24]

하인즈 경영진은 투명성이 신뢰를 얻는다는 사실 또한 잘 알았다. 자신들의 생산 방식이 얼마나 훌륭한지를 보여주기 위해 사람들을 공장 견학 프로그램에 초대했다. 1911년에 발간된 『공중위생』의 어느 호에는 이 견학에 대한 설명이 다음과 같이 실렸다.

하인즈사 공장의 첫인상은 병원 구내식당에서 예쁜 간호사들이 아픈 사람들을 위해 정성껏 별식을 만드는 모습을 떠올리게 한다. 청결 및 위생 수준이 완전히 병원 수준이라는 사실이 곳곳에서 확연히 드러나기에, 상세한 묘사는 불필요하다. 아마 의사가 와서 보더라도 '57종의 식품'을 진짜로 이렇게 만든다는 걸 순순히 인정할 수밖에 없을 것이다.[25]

이 회사가 얻고자 한 이미지는 분명했다. 오직 하인즈 공장만이 몸에 해로운 균이 하나도 없는 피클을 만들 수 있다는 것이다.

빵이나 맥주와 마찬가지로 채소 저장 식품 또한 위생 운동 덕분에, 공장에서 만든 통조림이 훨씬 안전하다고 대중을 설득할 수 있었다. 공장주 입장에서는 이런 인상을 활용하지 않을 이유

하인즈사에서 피클을 만드는 모습을 그려놓은 전단 카드. 이 회사는 채소 보존 식품을 산업적 규모로 만드는 데 앞장섰다. 제조 과정도 병원 수준으로 깨끗하다고 광고했는데, 실제론 그에 못 미치는 경우도 있었다.

가 전혀 없었다. 실제로 이들은 자신들에게 과학적, 의학적 정당성을 쌓아준 시대적 분위기를 더한층 부추기며 적극 활용했다. 소비자들은 제품의 균일함과 무균 상태를 선호하게 됐고, 하인즈 같은 회사들은 그에 걸맞은, 또는 적어도 그렇게 보이도록 용의주도하게 꾸민 제조 공간을 보여줄 수 있었다. 한편 계속 집에서 직접 채소를 발효시키던 개인들은 위생에 전보다 더 신경쓰게 되어, 자신의 발효 작업에도 그와 비슷한 기준을 적용하기 시작했다. 지침이 되어준 것은 『모든 여성을 위한 통조림 만들기 안내서』라는 가정경제서였다. 1918년에 출간된 이 책은 독자에게 "아무리 신선한 과일이나 채소라도 표면에 우리 눈에 보이지 않을 정도로 작은 미생물이 살고 있다"고 경고했다.[26] 따라서 이 미생물이라는 적과 맞서 싸우는 것이 집에서 발효 식품을 만드는 사람의 임무였다.

물론 이 위생 담론에 길을 잃은 가내 발효 장인들에게는 이미 우군이 있었다. 그 또한 미생물이었다. 발효 기술이란 게 본래 우군을 모아 적을 없애는 일이었으니 말이다. 그러나 미생물에 대한 당시의 이해 부족으로 급속히 신뢰를 잃은 이 기술은 수백 년간 성공리에 활용되어온 역사에도 불구하고 점점 맥이 끊기기 시작했다.

6.

마법을 부리는 미생물

치즈, 요구르트, 메치니코프

FERMENTED
FOODS

Fermented Foods

나는 속으로 생각했다

만일 스위스치즈가

생각을 할 수 있다면

스위스치즈가

세상에서 가장

중요하다고 생각하겠지

생각이란 걸 할 수 있는

세상 모든 것들이

스스로에 대해 그렇게 생각하니까.

— 돈 마키, 『아치그램스』(1927)[1]

　위생 운동에 자극받은 소비자 선호의 변화는 공장에서 생산
하는 발효 과일 및 채소만이 아니라 우유의 생산과 소비에도 영

향을 미쳤다. 1886년에 와서는 식품 기업의 이익에 너무도 유익했던, 오직 자신들만이 깨끗하고 안전한 음식을 시장에 공급할 수 있다는 주장이 우유에도 그대로 적용되었다. 그해에 독일의 농화학자 프란츠 리터 폰 속슬렛이, 무척 상하기 쉬운 이 동물성 식품의 처리 공정을 파스퇴르 이론에 기초해 고안해냈다. 그는 우유를 섭씨 60도에서 20~30분 정도 가열했다가 멸균 용기에 담아 식혔다. 그 결과 우유는 안심하고 마실 수 있을 뿐 아니라, 더 오래 보관할 수 있어서 훨씬 멀리까지 실어나를 수 있게 됐다.[2] 속슬렛의 방법은 그 자신도 인정했다시피 상당한 주의와 정밀성을 요하는 섬세한 과정이었다. 온도가 조금만 더 높아도 우유의 고소한 맛과 식감이 파괴될 터이고, 조금만 더 낮아도 해로운 미생물이 남아 있을 터였다.

속슬렛의 성공은 우유를 전통적인 소비 시장, 즉 아침마다 신선한 우유를 식탁에 올릴 수 있을 만큼 부유한 사람들과, 돈 주고 살 필요 없이 바로 가져다 먹을 수 있는 농부들의 굴레에서 해방시켜 새로운 소비자, 즉 젖소나 양을 기르는 시골에서 멀리 떨어져 우유가 사치품인 평범한 도시 거주민을 만나게 했다.

하지만 도시민도 치즈나 버터의 형태로 된 발효 유제품은 원래부터 자주 먹었다. 사실 수백 년 전부터 우유를 더 안정적이고 운반에 용이한 식품으로 만드는 여러 가지 방법이 활용되어 왔다. 이는 모두 발효 기술 덕분이었다. 우유의 속성 또한 다양한 형태의 발효에 안성맞춤이었다. 신선한 채소와 마찬가지로 우유에도 엄청나게 많은 미생물이 들어 있었으니까. 락토바실루스 카세이Lactobacillus casei, 락토바실루스 불가리쿠스Lactobacillus bul-garicus 같은 유익균을 지방 입자, 단백질, 설탕, 소금, 탄수화물, 미네랄, 효소 및 물과 섞으면 상당히 잘 자랐다(하지만 안타깝게도 리스테리아 모노사이토게네스Listeria monocytogenes, 결핵간균tuberculosis bacilli 같은 감염균도 마찬가지였다. 그러니 요구르트나 치즈 덩어리에 무슨 미생물이 들었는지는 아무도 모를 일이었다). 이런 미생물 덕분에 사람들은 매우 상하기 쉬운 우유를, 오래 보관할 수 있고 영양도 풍부한 다양한 유제품으로 만들어 먹을 수 있었다.

유제품을 이렇게 변신시킨 발효는 젖산 발효, 효모-젖산 발효, 곰팡이-젖산 발효, 이 세 종류 중 하나였다. 첫번째 범주에 드는 식품으로는 요구르트와 유산균 우유가 대표적이다. 두번째 범주에는 케피르, 빌리viili(핀란드의 발효 유제품—옮긴이), 쿠미스koumiss(마유를 숙성시켜 만든 술—옮긴이) 등이 들어간다. 발효될 때 거품이 일거나, 빌리의 경우 표면이 뭉글뭉글해지는 걸 보면 세균과 효모의 합작 발효임을 확인할 수 있다. 치즈는 확실히 세번째 범주에 들어간다. 얼룩덜룩하게 곰팡이가 핀 로크포르 치즈는 곰팡이와 세균이 합작하여 잘 보존된 맛있는 식품을 만들어낸 대표적인 예이다. 이 모든 발효의 공통분모는 젖산균이다. 젖산균은 우유의 영양분을 섭취하고 우유를 산화시킴으로써 유익균의 성장을 촉진시킨다. 뿐만 아니라 우유 영양분의 생체 활용률을 높이고, 맛과 향도 더 좋게 만든다.

전 세계에 약 400여 종의 발효 유제품이 있다고 한다.[3] 아프리카, 중동, 유럽, 인도 문화권의 거의 모든 문화에 인상적이고

말젖을 발효시켜 만든 쿠미스를 기념하는 카자흐스탄 우표. 쿠미스는 병을 치유하는 효과가 있다고 해서 소설가 레프 톨스토이, 작곡가 알렉산드르 스크랴빈 등이 칭송했다. 쿠미스는 소젖으로 만든 케피르, 빌리와 더불어 효모-젖산 발효 범주에 속한다.

다양한 발효 유제품이 있다. 이들 유제품은 대체로 상온에서 발효되는 중온성이며, 이전 발효물을 조금 남겨뒀다가 다음 발효 때 종균으로 쓰는 백슬로핑backslopping 방식으로 만든다. 스웨덴의 시큼한 액상 유제품 필미엘크filmjölk, 아르메니아의 부드러운 요구르트 마초니matsoni도 이 방법으로 만든다. 이보다 더 간단한 방법은 이미 우유 안에 든 세균이 발효하도록 내버려두는 것이다. 에티오피아에서는 요구르트처럼 생긴 이리고ergo를, 수단에서는 그와 비슷한 흐루브roub를 이렇게 만든다. 짐바브웨에서는 저온살균 과정을 거치지 않은 우유를 빈 조롱박이나 자루에 담아 발효시켜서 아마시amasi를 만든다. 히말라야 사람들은 버터밀크를 휘저어 생긴 덩어리를 걸러내 자연 발효 치즈 추캄churkam을 만든다.

우유 발효의 기원은 먼 과거로 거슬러올라간다. 학자들은 유제품을 생산, 저장, 분배하는 낙농업이 1만 5000여 년 전 중동 지역에서 시작됐다고 생각한다. 당시는 유목민이던 이 지역 사람들이 한곳에 정착해 농업을 주축으로 삼기 시작하던 시기였다. 기원전 5세기 북아프리카 암벽화에는 사하라의 초기 유목민들이 소떼를 몰고 가는 그림이 그려져 있고, 비슷한 시기에 만든 항아리 조각 유물에서는 유지방 자국이 발견됐다.[4] 그로부터 시간이 흘러 기원전 3200년쯤의 것으로 추정되는 수메르의 점묘판에는 어린 소떼 혹은 양떼가 어미들을 따라 오두막을 나서는 모습이 그려져 있고, 그보다 몇 세기 뒤의 점토판에는 남자들이 소젖을 짜고 그걸 모아 무언가를 만드는 모습이 그려져 있다.[5]

메소포타미아 동쪽 지역에서는 유제품이 귀한 식품으로 취급되었다. 힌두교 경전에는 해와 달과 별이 생겨난 곳이 광대한 우유 바다라고 쓰여 있는데, 사람들이 무한한 영양과 생명의 원천이라 믿는 대상에 딱 들어맞는 이미지였다. 고대 인도인들은 주로 발효 유제품을 먹은 듯하다. 고대 경전인 『베다』에도 그런 내용이 나와 있다. 그중 가장 오래된, 기원전 1700년경에 쓰인 『리그베다』에는 소와 소로 대표되는 풍요에 관한 이야기가 칠백 번

넘게 나온다. 『베다』에 나오는 인도인들은 유제품이 너무도 건강에 유익하다고 생각해서 음식만이 아니라 약으로까지 썼을 정도다. 그에 그치지 않고 심지어 소처럼 젖을 생산하는 동물에 특별한 지위마저 부여했다. 소는 카마두가라는 별칭을 얻었는데, 카마두가는 '우유에 필적하는 욕망의 대상'이란 뜻이다.[6]

이렇듯 원하는 사람은 많았지만 그걸 즐기는 사람은 소수였다. 유제품은 브라만 계층의 전유물이었다. 이들은 종종 우유나 요구르트를 소마와 섞어서 먹곤 했는데, 소마는 불멸을 가져다주고 신과 소통하게 해준다고 믿는 식물 추출물이었다.[7] 동서를 막론하고 모든 곳에서 우유는 고급 음료였다. 대부분의 사람은 맥주나 와인을 마셨고, 유제품이라면 치즈 정도가 다였다. 치즈는 채소와 더불어 사람들이 꾸준히 섭취하는 얼마 안 되는 단백질 식품 또는 영양 식품이었다. 치즈로의 변신은, 액상 우유에 든 영양분을 농축해 그 생물학적 활용성을 높였을 뿐 아니라 이 영양분을 운반 및 교역에 유리한 형태로 보존했다. 그러므로 치즈가 가장 중요한 발효 유제품이 된 것은 결코 놀랄 일이 아니다.

치즈 제조는 다른 형태의 낙농업과 더불어 발전했다. 일반적인 이론에 따르면 이 방법은 우유를 보관하던 자루에서 우유가 멍울져 있는 것을 보고 발견했다고 한다. 당시에는 동물의 위로 자루를 만들었는데, 거기에 단백질을 소화시키는 효소인 레닌이 남아 있었기 때문이다. 이렇게 응유가 만들어지면 거기에 소금을 넣고 압착해 말리는 방법으로, 코티지 치즈나 페타 치즈와 닮은 맛있는 먹을거리를 만들었다. 고고학자들이 출토한 버터밀크 석화 덩어리에는 중심을 관통하는 구멍이 하나씩 나 있었는데 아마도 그 덩어리들을 하나로 꿰어 어딘가에 걸어놓고 말렸던 흔적일 것이다.[8]

치즈가 맨 처음 어디에서 만들어졌는지는 아무도 모르지만 아주 옛날부터 세계 곳곳에서 만들어졌다는 사실은 잘 알려져 있다. 폴란드 신석기시대 유적지에서 발견된 항아리 조각들에는 작은 구멍이 여러 개 나 있었는데, 이 구멍은 항아리 조각들이 한때 유청에서 응유를 걸러내는 체였음을 보여주는 흔적이다.[9] 이집트 파라오 호르아하(기원전 3100년경 통치)의 무덤에서 발견된 부장품 중에도 치즈가 든 항아리 두 개가 있었다. 그중 하나는 상上이집트에서, 나머지 하나는 하下이집트에서 만든 치즈였다.[10] 한때 이집트의 수도였던 멤피스의 시장 프타메스의 무덤에서는 기원전 1300년경의 치즈 항아리가 나왔다(프타메스의 치즈에는 브루셀라Brucella의 흔적도 있었다. 브루셀라는 고열, 오한, 식은땀, 기력 약화 등의 브루셀라병 또는 '몰타 열' 증상을 일으키는 세균이다). 기원전 2000년대에 우르를 중심으로 존재한 수메르 제3왕조 때의 쐐기문자판에도 치즈 교역에 관한 기록이 남아 있고, 중국 신장에서는 기원전 1615년에 치즈를 만들었던 증거가 발견되었다.[11]

고대 문학에서도 치즈가 자주 언급된다. 성경에서 욥은 신에게 이렇게 묻는다. "주께서 나를 우유같이 쏟아붓고 치즈같이

이집트의 치즈 제조 과정을 묘사한 상형문자. 치즈는 멀리 거슬러올라간 과거에 뿌리를 둔, 문명의 시작과 동시에 발명된 식품임이 확인되었다.

굳히지 않으셨습니까?" 아리스토텔레스는 태아의 생성 과정을 치즈 만들기에 비유했다. 그는 남자의 정액이 여자의 생리혈과 만나면 "혈액의 더 단단한 부분이 결집"하고, 이어서 "거기에서 액체가 분리돼 나가고, 남은 단단한 부분이 굳어지면서 그 주위에 막이 형성된다"라고 썼다.[12] 호메로스의 『오디세이아』에는 유제품을 사랑하는 폴리페모스라는 키클롭스가 등장한다. 오디세우스는 키클롭스의 동굴에 들어서자마자 본 것을 이렇게 묘사한다. "거기에 나무 바구니가 잔뜩 놓여 있었고 그 안에는 치즈가 가득가득 들어 있었습니다." 그리고 "큰 통, 잘 짠 들통, 그릇

마다 우유가 담겨 있고 그 위에는 크림이 둥둥 떠 있었습니다"라고도 했다.[13]

고대에 치즈 만드는 법을 상세하게 설명하기로는 로마인들을 따라갈 사람들이 없었다. 1세기 작가 콜루멜라는 와인 등의 식품 제조법을 무척 상세하게 설명했는데, 치즈 제조는 마을에서 멀리 떨어져 사는 사람들에게는 실용성의 문제이며 따라서 "시장으로 우유통을" 실어나르느니 치즈를 만드는 게 훨씬 낫다고 생각했다. 우유를 굳힐 때는 양이나 염소의 위에서 추출한 응고 효소 레닛의 사용을 추천했다. 엉겅퀴 꽃, '배스터드 사프란(잇꽃)' 씨앗, 무화과나무 잔가지나 수액도 좋은데, 특히 무화과 수액은 엄청나게 달콤한 치즈를 만든다고 했다. 콜루멜라는 독자에게 유청을 가능한 한 빨리 걸러내고 신선한 응유를 틀이나 바구니에 넣은 다음 무거운 물건으로 눌러놓으라고 권했다. 그리고 9일 뒤부터 컴컴하고 서늘한 곳에 옮겨두고 숙성시키면 된다고 했다. 치즈를 소금물에 며칠 담갔다가 햇볕에 말려서 먹으면 더 좋다고도 덧붙였다.[14]

콜루멜라가 설명한 이 간단한 과정을 활용해 수십 가지 로마 치즈가 만들어졌다. 대大플리니우스는 네마우수스Nemausus(오늘날 프랑스의 님Nimes과 그 일대) 지방, 특히 레수라와 가발리스에서 생산된 치즈가 최고라고 썼다. 하지만 금세 상하기 쉬우니 신선할 때 먹어야 한다고 했다. 플리니우스는 도클레티안 치즈와 바투시칸 치즈도 칭찬했다. 두 치즈 모두 알프스산으로, 로마의 훈제 염소 치즈였다(하지만 갈리아 지역의 치즈는 약초 맛이 강하

고대 로마에서 인기 있었던, 빵에 발라 먹는 허브 치즈 모레툼을 복원한 것. 치즈를 와인 안주로 즐기게 되면서 로마인들은 그 제조 기술을 정교하게 발전시켜 염소, 양, 소, 심지어 토끼의 젖까지 활용해 다양한 제품을 만들었다.

다며 좋아하지 않았다). 그는 향미가 떨어진 치즈를, 백리향을 넣은 식초에 담그면 되살릴 수 있다고 주장했다. 이 비결에는 숭고한—실은 신성한—전례가 있었는데 그때 놀라운 효과가 있었던 모양이다. 그의 말에 따르면, "조로아스터가 광야에서 30년을 살면서 그처럼 독특한 방법으로 만든 치즈로 연명했는데, 나이드는 걸 느끼지 못했다고 한다".[15]

　로마인은 계층을 불문하고 모두 치즈를 먹었다. 시골 농부들은 톡 쏘는 맛과 강한 마늘 맛도 꺼리지 않았고, 모레툼moretum이라는, 허브가 들어간 치즈 스프레드를 먹었다. 로마 원로원 의원이자 역사가인 대大카토는 자신의 책 『농사짓기De agricultura』

에 디저트 조리법을 기록했는데, 거기에는 플라센타placenta의 조리법도 적혀 있다. 플라센타는 여러 겹의 반죽과 꿀 넣은 양젖 치즈로 만든 맛이 진한 치즈케이크를 말한다. 더 간단한 치즈케이크인 리붐libum의 조리법도 들어 있다. 리붐은 치즈, 옥수수가루, 달걀을 절구에 넣고 으깬 다음 접시를 덮고 뜨거운 벽난로 위에서 천천히 구워 만든다. 그러나 이런 단 음식을 좋아하는 사람이 마냥 행복하지만은 않았다. 로마인들은 치즈가 위에 부담을 주고 가스가 차게 만드는 등 소화 불량을 일으킬 수 있다고 생각했다. 대大플리니우스는 치즈를 먹고 속이 부글거리는 사람은 다른 치즈 대신 토끼 우유로 만든 치즈를 먹으라고 권했다.

고대 로마인들은 생우유는 잘 먹지 않았다. 치료 목적으로 의사가 처방을 내리지 않는 한 부유층과 중산층은 아예 우유를 먹지 않았다. 이는 생우유가 비만부터 불임과 나태까지 이 모든 것을 유발한다고 믿은 그리스인들에게서 배운 것이다. 그리스인들이 보기에 이런 화를 자초할 행동은 미개인이나 하는 짓이었다. 기원전 5세기에 역사학자 헤로도토스는 스키타이인들이 마유를 좋아한다는 사실과 그들이 우유를 얻는 이상한 방식을 기록한 바 있다. 그는 스키타이인들은 맹인 노예를 시켜 "뼈로 만든, 피리처럼 생긴 관을 말의 음문에" 찔러넣은 다음, 스키타이인이든 그의 노예든 "누군가가 그 관에 입을 대고" 바람을 불어넣는 동안 "다른 사람이 젖을 짠다"고 썼다. 이 독특한 방법은 아마도 말의 혈관을 공기로 채워 유방을 늘어뜨리는 방식이었던 듯하다.[16] 그로부터 300여 년 뒤에 율리우스 카이사르는 영국인

중세에 치즈 만드는 모습을 그린 채색 필사본. 농부들이 먹는 치즈는 맛은 투박하고 단순했지만 영양은 풍부했다. 고급 치즈는 더 공들여 만들 시간적 여유가 있는 수도승들이 만들었다.

들이 '우유와 고기'를 먹고 산다고 묘사했는데, 이 로마 정복자에게는 그들이 충격적일 정도로 미개해 보였으리라.

그럼에도 로마의 정복지 곳곳에서는 우유를 그대로 마시는 사람들이 많았다. 로마제국이 멸망한 뒤에도 농부나 기독교 수도승들은 '흰 고기'라고도 불린 치즈를 계속해서 만들었고, 실상 그들에겐 이것이 중요한 단백질원이었다. 하지만 대충 만들어서 곧바로 먹을 음식이 필요한 바쁜 농부와는 달리 수도승들은 더 섬세한 공정을 거친 치즈를 만들 시간적, 정신적 여유가 있었다. 덕분에 그들은 다양한 실험을 해볼 수 있었고 그 결과 맛있는 치즈를 다채롭게 만들어낼 수 있었다.

때로는 이런 치즈 생산 기술 때문에 골칫거리가 생기기도 했다. 샤를마뉴 황제는 당시 그의 왕실이 있던 구 서독 지역의 아헨과 파리를 오가던 중 한 주교의 집에 들러 저녁식사를 하게 됐다. 그런데 때마침 그날이 고기를 못 먹는 성일聖日인데 집에 생선도 떨어진 상태였다. 그러나 지금으로 치면 브리 치즈 같은 종류의 치즈가 있어서, 그는 이걸 황제에게 대접했다. 황제는 흰 외피를 걷어내고 안의 부드러운 부분만 먹었다. 그 모습을 본 주교는 황제에게 방금 "가장 맛있는 부분"을 빼놓고 먹은 거라고 알려주었다. 황제는 그의 말대로 외피 조각을 먹어보더니 "버터처럼" 맛있다고 상찬했다. 매료된 황제는 즉시 주교에게 매년 두 수레씩 치즈를 아헨 궁전으로 보내라고 명했다.[17]

이 주교의 영지는 황제의 궁전 근처였을 가능성이 높다. 부드러운 치즈는 장거리 수송에 적합하지 않을뿐더러 애초에 그런 용도로 만든 것도 아니기 때문이다. 수도원에서 '외피에 곰팡이가 핀' 부드러운 치즈를 만들었다는 사실은 그들이 지역민의 수요를 우선시했음을 뜻한다. 치즈의 특성은 결국 치즈 시장, 특히 생산지와의 거리가 얼마나 되는지에 따라 결정되었다. 부드러운 치즈는 가까운 도시에, 단단한 치즈는 험난한 육로와 거친 해로를 통해 저멀리 떨어진 곳에 팔려는 목적으로 만들었다. 그러므로 생산지가 꼭 시장과 아주 가까울 필요는 없었다. 치즈가 수익

성 좋은 수출품이 된 것 또한 이런 이유에서다. 덕분에 치즈 제조 기술이 앞선 나라는 부유해졌다.

파르마산 치즈가 그 대표적인 예이다. 14세기 북부 이탈리아에서 만들기 시작한 파르마산 치즈는 토스카나 지역 상인들의 사랑을 독차지했다. 그들은 이 치즈를 북부 아프리카에서 프랑스와 스페인 해안 도시들까지, 모든 곳을 돌아다니면서 팔았다. 염분이 높고 수분이 적어 더운 날씨에도 풍미가 그대로 유지됐기 때문이다. 파르마산 치즈는 파는 곳에서마다 최고의 인기를 누렸다. 영국의 일기 작가 새뮤얼 피프스는 파르마산 치즈를 얼마나 좋아했는지, 1666년 런던 대화재 당시에 그가 보존하고 싶어 땅에 묻은 물건 목록에 파르마산 치즈를 포함시킬 정도였다.

세월이 흐르면서 다른 고염 저수분 치즈들도 세계시장에 하나둘 나왔다. 그 선봉에도 네덜란드인이 있었다. 사업 수완이 뛰어난 네덜란드인들은 치즈 무역에도 앞장섰다. 치즈와 맥주는 네덜란드 경제의 두 축이었고 모두 네덜란드인이 즐겨 소비하는 것들이었다. 한 영국 정치가는 네덜란드를 방문하고 나서 쓴 글에서 이 나라 사람들이 "멍청이라고 불린 사실과 우유와 치즈를 먹는다는 사실"을 연결지었다. 영국에서 출간된 어느 평론지에서는 네덜란드인을 "뚱뚱하고 건장한, 다리 둘 달린 치즈벌레"라고 표현했다.[18] 이런 오명에도 불구하고 이 건장한 멍청이들의 나라가 유럽에서 가장 부유하고 잘 먹는 나라에 속하게 된 것은 상당 부분 이 치즈 덕분이었다.

네덜란드 정부는 맥주 무역과 마찬가지로 치즈 무역에서도 엄청난 성공을 거둔 농부와 무역업자의 업적을 높이 샀다. 이들은 대체로 늪지와 염분 높은 초지로 구성된 땅을 낙농 가능한 땅으로 바꾸었다. 호수에서 물을 빼고, 제방과 풍차를 만들었으며, 자투리땅에는 젖소를 먹이기 위한 사료용 작물도 길렀다. 이 작물에는 소의 분뇨, 비누 제조 과정에서 생긴 재에다 인분뇨까지 섞어 거름을 주었다. 덩치가 큰 젖소만 골라 키워 마리당 연간 약 1350리터의 우유를 얻었다[19](오늘날 홀스타인종에게 월간 약 908리터를 얻는다).

이렇게 변신한 네덜란드 지방 배후지 덕분에, 점점 늘어난 도시 주민들은 전에 없이 잘 먹을 수 있었다. 우유는 전 국민의 식생활에 주축이 되었고 곧잘 찬양의 대상이 되었다. 17세기 인문주의자 헤이만 야코비는 "달콤한 우유, 신선한 빵, 좋은 양고기와 소고기, 신선한 버터와 치즈"를 먹으면 건강을 거뜬히 지킬 수 있었다고 썼다. 이 여섯 가지 건강 식품 중 무려 세 가지가 탄탄하게 성장한 유제품 산업의 생산물이었으며, 모두 저렴한 가격에 마음껏 사 먹을 수 있었다. 빈부에 상관없이 사실상 모든 국민이 이것들을 먹은 듯하다. 수입이 보잘것없는 서민이라도 빵에 버터를 바르고 그 위에 치즈나 고기를 올려 먹었다(영국인은 이것을 네덜란드 사람들이 어울리지 않는 사치를 부리는 한 예로 여겼다). 고아나 부랑자조차 우유를 마시고 치즈를 먹었다. 노동 계층에게는 유제품이 온종일 피땀 흘려 일하기 위한 일종의 단백질 연료 역할을 했다면, 중산층에게는 무궁무진하게 다양한 유제품을 맛보는 새로운 재미를 제공해주는 삶의 지루함을 달래주는 하나의 오락거리였다. 17세기 영국 박물학자 존 레이는 자신의 책『저지대 국가 여행기: 독일, 이탈리아, 프랑스Travels Through the Low-Countries: Germany, Italy, and France』에서 "그들은 보통 한 번에 네다섯 종류의 치즈를 꺼내 차려놓는다"라고 썼다.[20]

레이가 목격한 장면은 전혀 특별한 것이 아니었다. 어떤 식사모임이나 상차림이든 그에 어울리는 치즈가 절대 빠지지 않았고, 각 치즈마다 저만의 독특한 풍미가 있었다. 예컨대 손님 접대용 치즈는 작고 둥글며 맛있는 생치즈였고 항해할 때 싣고 가는 치즈는 강황, 사프란처럼 방부제 역할을 하는 허브류로 감싼 것이었는데, 배고픈 선원들에게는 톡 쏘는 풍미가 더해진 맛이 별미였을 터이다.

이런 다양한 선택지를 가진 치즈는 네덜란드인에게 충분한 보상을 안겨주었다. 1640년 하우다라는 도시의 치즈 판매량은 연간 약 230만 킬로그램 정도였고, 1670년에 와서는 270만 킬로그램이 넘었다.[21] 하우다를 뒤따른 치즈 수출의 메카는 알크마르, 로테르담, 암스테르담, 호른 등이었다. 특히 호른은 전 유럽을 시장으로 삼는 기염을 토했다.[22]

17세기에는 대체로 미생물과 그 작용에 대한 지식이 부족했다는 점을 고려하면 네덜란드 치즈 산업의 눈부신 발달은 더욱 놀랍다. 로버트 훅이 치즈에서 "푸르고 흰 몇 종의 곰팡이 자국"을 관찰한 것도 1665년의 일이었고, 이 관찰로 누군가 무언가를 한 것은 200년이 더 지난 뒤의 일이다.[23] 그때까지 치즈는 수천

레이철 로빈슨 엘머가 그린 〈치즈를 더 먹고 싶어한 소년The Boy Who Wanted More Cheese〉. 윌리엄 엘리엇 그리피스의 『네덜란드 동화 모음집』(1918)에 실린 삽화. 정부가 주도해서 정책적으로 장려한 덕분에 네덜란드에서는 치즈 산업이 엄청난 호황을 누렸고 치즈가 매우 흔한 식품이 되었다. 요정들이 식료품점 매대와 식품 저장실을 들락거리면서 치즈를 가져다 놓는 것처럼 보일 정도였다.

년 동안 그래왔듯이 시행착오를 반복하는 오래된 접근 방식으로 계속 만들어졌다.

하지만 그런 방식은 사람 개인, 동물 개체, 그리고 지역 환경 조건의 영향을 크게 받았다. 요컨대 기술과 자연환경이 결합해 치즈의 맛과 질감을 결정했다. 미네랄이 풍부한 흙에서 자란 클로버를 뜯어 먹고 자란 동물과, 산악 지역에서 허브를 뜯어 먹고 자란 동물의 우유는 맛이 완전히 달랐다. 치즈를 만드는 데 기여하는 미생물도 다 달랐을 것이다. 우유 짜는 도구, 바람, 심지어 치즈 만드는 사람까지 미생물의 종류에 영향을 미쳤을 테니 말이다. 이처럼 보이지 않는 요소들의 혼란스러운 조합 덕분에 치즈마다 고유한 풍미를 자랑할 수 있었다. 그뿐만 아니라 치즈는 지역성과 절대 떼려야 뗄 수 없는 음식이었기에, 수출을 위한 표준화 및 동질화의 압박에도 오랫동안 굴하지 않고 버틸 수 있었다.

치즈 제조 기술은 세계 시장에 진출하기 위한 혁신을 멈추지 않았지만 그 기본만은 변치 않고 그대로 남았다(실제로 오늘날 농가에서도 옛날과 크게 다를 바 없는 방식으로 치즈를 만든다). 우유를 데워 종균을 접종한 다음 레닛 등의 응고제를 넣어 응고시킨다. 이때 응고 정도에 따라 치즈의 수분 함량과 발효 속도가 정해진다. 예컨대 브리야사바랭Brillat-Savarin은 1825년 프랑스에서 출간한 선구적인 미식 평론서 『미식 예찬』의 저자 이름을 본 딴 연성 치즈로, 수분을 거의 그대로 보존하기 위해 유청을 조심스럽게 제거하여 만들었다. 반면 경성 치즈인 에멘탈을 만들 때는 유청을 더 많이 제거하기 위해 큰 쇠빗으로 응유를 잘게 자르는 기술을 사용했다. 응유를 잘게 자를수록 치즈가 더 단단해지기 때문이다. 다 자른 응유는 유청을 제거한 다음, 성형틀이나 고리에 넣어 압착했고, 이렇게 성형한 덩어리는 틀에서 꺼내 소금을 비벼 바르고 염수에 담갔다.

물론 더 세세한 과정은 치즈의 종류에 따라 달라졌다. 응유를 가열하는 경우도 있었다. 숙성해야 하는 치즈는 시원한 지하실이나 동굴에 두고 숙성시켰다. 장거리 수송용 또는 장기 보관용 치즈는 표면을 소금물로 닦아 더 단단하게 만들기도 했다. 브리 치즈처럼 '가장자리에 흰 꽃이 핀' 치즈는 장거리를 운반할 용도가 아니었으므로 몇 주 동안 숙성시켰다가 나무 궤짝에 담아 상처나기 쉬운 표면을 보호했다. 그동안 미생물은 응유 덩어리를 풍미 있는 마스카포네나 흙내가 나는 스팅킹 비숍 등 수백 가지 다양한 치즈로 만드는 마술을 부렸다. 숙성 결과는 전적으로 미기후에 달려 있었다. 같은 종류의 치즈라도 특정 덩어리를 만든 계절이나 먹는 날에 따라 맛이 달라지기도 했다.[24]

하지만 19세기 몰아친 표준화의 물결에, 치즈의 숙명과도 같은 우연적 요소는 중단될 위기에 처했다. 팽창 일변도의 길을 걷던 산업계에서 치즈의 대량생산 가능성을 인식한 것이다. 동기는 충분했다. 치즈 자체가 공장 노동자들에게 완벽한 식품이었다. 잘 상하지도 않고, 단백질 등 주요 영양분이 풍부하며, 제대로 만들면 맛도 좋았다. 그리하여 1851년 뉴욕주 롬시에서 제시 윌리엄스와 조지 윌리엄스 부자가 치즈 제조 및 숙성 전용 시설을 만들었다. 근처 농장과 분리된 이 별도의 시설에서는 우유를 대량으로 처리할 수 있었다. 공장은 첫 해에 경성 치즈 4만 5360킬로그램을 생산했는데, 이는 규모가 제법 큰 농가에서 출하한 치즈의 약 다섯 배에 달하는 양이었다.[25]

사업은 엄청난 성공을 거두었다. 윌리엄스 부자는 치즈를 대량으로 생산하고 인건비를 줄여 공급가를 낮출 수 있음을 알았다. 더욱이 이들이 만든 치즈는 생산지나 계절에 상관없이 꾸준히 일정한 맛을 안정적으로 유지할 수 있었다. 거기에다 생산 비용이 낮아 시장가격이 저렴하다는 장점까지 합쳐져서, 이들이 만든 체다 치즈는 단번에 치즈 시장을 석권했다.

윌리엄스 부자의 대량생산 기술은 1866년에 전환점을 맞았다. 그해에 미국 낙농협회는 치즈 제조에 좀더 과학적인 접근법을 도입했다. 정확한 발효 시간뿐 아니라 온도와 산성 지수까지 정확히 명시하는 방법이었다.

이 접근법은 뉴욕주 전역의 체다 치즈 공장이 성장하는 원동력이 됐다. 한편, 산업화와 전쟁이라는 두 요인이 결합해 수요를 자극했기 때문에 성장이 더욱 가속화되기도 했다. 남편을 남북전쟁에 내보낸 수백만 명의 여성들은 가사 부담이 늘어나자 집에서 직접 치즈를 만드는 대신 공장에서 만든 치즈를 사 먹기 시작했다.[26] 영국에서 급증하는 공장 노동자들이 먹을 치즈를 수입하면서 대서양 너머의 수요 또한 늘었다. 요컨대 공장에서 만든 치즈는 편리할 뿐 아니라 값도 저렴했고, 발효 기간을 단축

산업 시설에서 숙성중인 치즈의 행렬. 19세기 들어 치즈 제조에 대한 이해가 한층 과학적이고 정밀해지면서 표준화가 진행되고 생산 능력도 급증하여, 치즈는 대규모 사업의 영역이 되었다.

하여 수분도 더 많았다. 치즈를 무게 단위로 판매하다보니, 수분 함유량이 높아진 만큼 치즈 가격은 낮아졌다. 공교롭게도 이 때문에 치즈의 풍미는 다소 떨어졌지만 그럼에도 수요는 나날이 치솟았다.[27]

그러나 안타깝게도, 치즈 제조 회사는 급등한 수요에 발맞추어 다른 내용물을 집어넣는다든지 크림을 걷어낸다든지 크림 대신 라드를 넣는 등의 술수를 부렸다. 결국 이들 저질 제품 탓에 체다 치즈 최대 생산국이라는 미국의 지위가 손상됐고, 수입업자들은 더 나은 물건을 찾아 캐나다와 호주로 발길을 돌렸다.[28]

한편 제조업은 빠른 속도로 과학적 진보를 이루었다. 20세기 초, 코네티컷주 스토스 농업실험장 소속의 진균학자 찰스 톰은 유럽 농가의 방식을 기업화에 적용시켜 로크포르, 브리 등의 치즈를 만드는 데 필요한 틀을 찾아냈다. 무뚝뚝하지만 헌신적인 농부 톰은 과학이 전통 치즈 제조법에 숨겨진 비밀을 밝힐 수 있다고 믿었다. 그는 1899년에 미주리대학에서 최초로 수여한 박사학위를 받고, 그로부터 사 년 뒤 치즈 연구를 위해 스토스 실험장으로 갔다. 1918년에 출간된 자신의 책 『치즈에 관한 모든 것』에서, 치즈 만드는 기술은 "다양한 지역에서 높은 수준으로 발전"했으며 "치즈를 만들고 취급하는 방법은 기후, 각종 지역적 조건, 사람들의 습성과 밀접하게 연관되어 발전했다"고 썼다. 음식과 지역의 이런 관계가 얼마나 중요한가 하면, "그런 치즈를 만드는 장인을 다른 지역에 데려다놓으면 치즈를 만드는 데 완전히 실패할 정도였다". 그러나 "우유에 든 미생물의 특성과 이 미생물을 통제하는 방법"에 대한 과학적 이해가 곧 장인의 지식을 대신할 수 있을 터였다.[29]

그가 미국 농무부와 손잡고 기나긴 연구 작업에 착수하여 결국 의미 있는 결과물을 만들어낸 것은 바로 이런 확신 덕이었다. 결국 그는 원하는 미생물군이 번식할 수 있는 조건을 그대로 만들어주는 방법으로, 유럽의 전통 치즈 제조법을 현대의 미국 공장으로 이식하는 데 성공했다. 특히 페니실륨 카멤베르티 Penicillium camemberti와 페니실륨 로퀘포르티 Penicillium roqueforti 곰팡이가 결과물이 좋았다. 나중에 페니실륨 Penicillium과 아스페르

포장된 로크포르 치즈를 선적하기 위해 싸고 있는 치즈 공장 노동자. 20세기 초 불어온 위생 열풍 때문에 소비자들은 제품을 저온 살균, 가공, 밀봉할 수 있는 능력을 지닌 상업적인 치즈 제조업자들을 선호하게 되었다. 소비자들은 마음의 평화를 위해서라면 맛은 기꺼이 희생하려 했다.

길루스Aspergillus에 대한 연구가 이루어졌고 그는 이들 곰팡이의 세계적인 권위자가 되었다. 그는 여기에서 멈추지 않고 다른 발효 과정에 대해서도 연구해 그 방법을 개선시켰다.[30] 그리하여 이 과학자 덕분에 수백만 미국인이 유럽 치즈를 즐기게 되었다.

상업적인 치즈 생산은 단일종으로 배양한 종균 덕분에 1930년대에 또 한 차례 발전했다. 이제 이 단일종 배양 종균 접종 방식이 이전의 백슬로핑 및 자연 접종 방식을 대신했다.[31] 그 사이에 경제 공황이 닥쳤고, 그 뒤로 이어진 농업의 기업화라는 압박에 굴복할 수밖에 없었던 농장주들이 대거 농장을 팔고 떠나면서 소규모 치즈 생산도 함께 중단되었다.

이렇게, 그들이 떠난 자리는 완전히 기계화된 치즈 생산 시설이 대신했다. 이 시설의 위생 및 방부 능력은 소비자들로 하여금 최종 상품에 대해 완전히 새로운 태도를 갖게 했다. 현대 프랑스의 문화인류학자이자 마케팅 전문가인 클로테르 라파유는 "미국인들은 저온 살균법으로 치즈를 '죽인다'"면서, 그들은 "(시체 가방 같은) 비닐 포장지로 꽁꽁 싸놓은, 그러니까 말하자면 미라처럼 만든 치즈 덩어리들을 가져와서 그걸 진공포장된 채로 냉장고라고도 알려진 시체 안치실에 보관한다"라고 썼다.[32] (라파유를 비롯한 그 나라 사람들은 치즈를 종 모양 유리 덮개로 덮어 상온에 두는 걸 선호한다.) 라파유에겐 이 가공 치즈와 가장 밀접한 단어가 '죽음'이다. 수백 년 동안 치즈가 아니었다면 맨날 똑같은 뻔한 음식만 먹었을 가난한 사람들에게 다양하고 풍부한 맛을 선물해준 미생물 군단이 실제로 죽은 상태였으니까.

다른 종류의 발효 유제품은 노벨상까지 받은 어느 음울한 동물학자의 업적 덕분에 계속해서 그 명맥을 이어갈 수 있었다.

1888년에 파스퇴르는 이 의문의 동물학자 엘리 메치니코프를 파리에 있는 자신의 이름을 딴 연구소로 초빙해 연구하게 했다. 메치니코프는 1845년 우크라이나의 한 작은 마을에서 태어나 면역학의 아버지가 된 인물이다. 그는 감염 부위에서 발견되는 백혈구 세포인 대식세포를 찾아낸 공로로 1908년에 노벨상을 수상했는데, 이 발견은 불가사리를 바늘로 찌르던 중 우연히 이루어졌다. 이와 더불어 다른 여러 연구 성과를 바탕으로 그는 세균과 노화의 관계에 관한 이론을 정교하게 발전시켰다.

메치니코프가 파스퇴르의 제의에 응한 것은 면역 반응에 대한 이런 연구가 한창일 때였다. 파스퇴르의 연구소에 와서도 그는 진행중이던 연구를 계속했다. 그런데 이 시기 그는 만성 소화불량에 시달렸고, 그 사실을 안 동료 하나가 불가리아 요구르트를 한번 먹어보라고 권했다. 그는 이 색다른 식품과 그 신기한 효과에 호기심을 느꼈다. 그걸 먹은 농부 중에는 이례적으로 장수하는 사람이 많았다. 메치니코프는 그들이 장수하는 까닭이 요구르트를 마셔온 것과 무슨 관련이 있는 게 아닐까 하고 추측했고, 1908년에 노화와 관련된 대중 강연에서 이 가설을 이야기했다. 그는 무슨 식재료건 세균이 많이 묻어 있으니 음식을 절대 생으로 먹지 말고, 요구르트를 먹으라고 청중들에게 권했다. 해로운 장내 세균의 번식을 억제하는 효과가 있다는 이유에서였다. 그의 말은 진지하게 받아들여졌다. 강의 이후로 갑자기 사워밀크가 유행했고 사람들은 유아 설사에서부터 성인의 시원찮은 장운동까지 무슨 탈만 나면 이걸 만병통치약처럼 썼다.[33]

메치니코프는 자신의 이런 생각을 『생명 연장에 관하여: 낙관적 연구』라는 제목의 책으로 출간했다. 영역본은 1907년에 나왔다. 이 책에서 그는 자신의 생각을 확장시켜, 대부분의 세균에는 병을 유발하는 독소가 있지만 생명을 연장시키는 미생물도 존재한다고 썼다. 파스퇴르와 마찬가지로 메치니코프 역시 젖산균이 식품을 변화시킨다는 사실에 주목했다. 예컨대 사워밀크는 "다양한 종류의 치즈"로 변하고 채소는 사워크라우트, 호밀빵, 크바스(보리, 엿기름, 호밀로 만든, 알코올 성분이 적은 청량음료—옮긴이), 사워밀크처럼 "새콤하게 익는 자연스러운 과정"을 겪는다고 했다.[34]

이런 사실을 언급한 사람이 그가 처음은 아니었다. 1780년에 스웨덴 화학자 칼 빌헬름 셸레는 사워밀크에 젖산균이 있음을 확인했다(눈에 보이지 않는 모든 것에 정통했던 셸레는 1773년에 산소를 발견한 공로로도 인정받는다[35]). 그러나 그의 발견은 금세 잊혔다가 1813년에 와서야, 당시 식물원 원장 앙리 브라코노가 발효된 쌀, 상한 비트주스, 촉촉한 제빵용 효모에서 또다시 세균을 관찰하면서 재발견됐다. 브라코노는 이 세균 활동의 부산물에 낭시의 산이란 별명을 붙였다.[36] 젖산균이 체계적으로 연구된 것은 파스퇴르가 상한 버터에서 젖산 효모와 부티르산을 발견하고 나서였다. 1873년에는 영국 외과의사 조지프 리스터가 연쇄상구균Streptococcus이 우유를 응고시킨다는 사실을 발견했다. 그는 응고된 우유에서 그가 박테리움 락티스Bacterium lactis(젖산균)라고 이름 붙인 순수 배양균을 분리해냈다.[37]

메치니코프의 연구는 그런 변형이 특히 건강에 도움이 됨을 시사했다. 젖산균의 부패 방지 능력을 확인한 메치니코프는 이런 의문을 가졌다. "젖산 발효가 어디에서든 이렇게 효과적으로 부패를 막는다면, 우리 소화기관에서도 똑같은 기능을 하도록

실험실에 있는 엘리 메치니코프의 모습. 우크라이나 출신의 이 동물학자는 발효 유제품을 주식으로 먹는 불가리아 시골 사람들이 이례적으로 장수하고 건강한 것에 착안해 연구를 시작해 마침내 우리 몸에 이로운 젖산균을 발견해냈다.

활용하지 않을 이유가 없잖은가?"[38]

메치니코프는 젖산 발효를 그런 목적으로 활용해야 함은 물론이고 실제로 그럴 수 있다는 사실을 보여주기 위한 연구를 시작했다. 일단 사워밀크를 마신 100세 이상의 장수 노인에 관한 기록부터 샅샅이 훑었다. 그 결과, 베르됭에서 111세까지 살다가 1751년에 사망한 노동자가 평생 누룩을 넣지 않은 빵과 무지방 우유만 먹고 산 사실을 알게 되었다. 남프랑스의 오트가론에서 158세까지 살다가 1838년에 사망했다고 전해지는 마리 프리우는 죽기 전 마지막 십 년 동안 치즈와 염소유만 먹었고, 메치니코프가 조사하던 당시 생존해 있던 코카서스 지방의 180세(!)

여성은 여전히 집안일을 하고 술을 입에 대지 않으며 크림을 휘저을 때 생기는 버터밀크와 보리빵을 먹으며 지냈다. 메치니코프는 독자들이 마지막 사례에 의구심을 갖지 않도록 "버터밀크는 젖산균을 아주 많이 함유한 액체"라는 사실을 상기시켰다.[39] 또 "역사에 기록되기 훨씬 전부터 인류는 젖산 발효를 거친 사워밀크, 케피르, 사워크라우트, 오이피클 같은 익히지 않은 식품을 섭취함으로써 다량의 젖산균을 섭취해왔다"면서 "덕분에 인간은 저도 모르게 장내 부패라는 나쁜 결과를 줄일 수 있었다"라고 썼다.[40]

　메치니코프가 찾아낸 몇몇 사례에 의아한 부분이 있음에도, 발효 유제품이 건강에 좋다는 그의 전반적인 주장을 업계에서는 환영했다. 그리하여 1919년 스페인 바르셀로나에서 요구르트 제조업이 첫발을 내딛었고, 1925년에 이르러서는 문학에까지 반영될 정도로 발효 식품의 인기가 커졌다. 영국 작가 에벌린 워가 쓴 『한 줌의 먼지』에 등장하는 인물은 날마다 "아침 요구르트"를 떠먹는다.[41] 1970년에는 한 광고 덕에 메치니코프의 이론이 새롭게 주목받았다. 마스텔라라는 광고회사의 경영진은 미국의 의사이자 과학자 알렉산더 리프의 연구를 우연히 접했다. 그는 요구르트를 많이 먹는 식생활이 조지아 사람들과 소련 일부 지역 사람들의 장수 비결이라고 주장했다. 연구의 발견 시점이 이보다 더 절묘할 수는 없었다. 덕분에 광고회사는 자신들의 고객인 다농사의 주력 상품인 요구르트가 매출 부진의 늪에 빠졌을 때 최고의 광고 전략을 짤 수 있었다. 광고회사는 외교부

105세 생일에 찍었다는 로비노 부인의 사진. 백 년 넘게 산 이 프랑스 노인은 엘리 메치니코프가 발효 유제품 섭취와 장수의 연관성을 규명하기 위해 찾아낸 사례 중 하나였다.

의 도움을 받아 소련 정부로부터 텔레비전 광고를 찍어도 된다는 허가를 받았다. 1976년에 찍어 그다음해에 방송된 광고에서는 다음과 같은 음성이 흘러나왔다. "소비에트연방의 조지아에는 신기한 일이 두 가지 있습니다. 바로, 이 나라 사람들이 요구르트를 많이 먹는다는 점, 그리고 100세가 넘은 사람이 많다는 점입니다." 그와 함께 조지아 사람들이 괭이질하는 장면, 식물을 돌보는 장면, 말 타는 장면, 그리고 당연히 다농 요구르트를 먹는 장면이 이어진다. 여기에 등장하는 사람들은 모두 노인이지만 자세가 꼿꼿하고 원기 왕성해 보인다.[42]

광고의 일환으로 제작한 홍보물에도 같은 메시지를 함축적으로 넣었다. 홍보물에는 전통 복장을 하고 식탁에 앉은 한 여성 노인의 사진이 실려 있다. 사진에서 노인의 숟가락은 다농 요구르트통 근처에 머물러 있고, 그 앞에 놓인 움푹한 그릇에는 과일 등 건강에 좋은 음식이 담겨 있다. 사진 밑에는 "소비에트연방 조지아의 어르신은 다농이 정말 훌륭한 요구르트라고 하십니다. 요구르트라면 어르신이 가장 잘 알지요. 137년째 드시고 계시니까요"라는 설명이 달려 있었다. 마스텔라의 다농 광고는 철의 장막 뒤에서 찍은 사진과 영상을 최초로 사용한 광고였을 뿐 아니라 그 수준 또한 높이 인정받았다.[43]

나중에 광고에 등장한 조지아 노인들이 그 정도로 나이가 많지 않을뿐더러(조지아의 여러 지역에서는 출생 기록 자체가 제대로 남아 있지 않았다) 요구르트를 많이 먹지도 않았다는 사실이 알려졌지만, 이 메시지는 이미 엄청난 효력을 낳았고 지금까지도 건재한 유행을 만들어냈다.

요구르트는 오늘날 건강과 장수를 바라는 사람들에게 또 한 번 사랑받게 된 식품이며, 지금은 선택의 폭이 훨씬 넓어졌다. 요즘은 슈퍼마켓에 가면 케피르, 스키르(아이슬란드의 발효 유제품으로 농도는 그릭 요구르트와 비슷하지만 맛은 더 부드럽다), 크바르크 등 유럽에서 오래전부터 먹어온, 맛이 순한 유제품이 선반에 즐비하다.

이러한 다양성은 기업의 이익 제고로 이어진다. 업계 관계자들은 케피르만 놓고 봐도 2025년까지 20억 달러 이상의 판매고를 기록하리라 예상한다.[44] 개인의 입장에서는 설령 유제품을 많이 먹는 식생활이 100세 생일을 장담해주진 못하더라도, 당장 이로운 점이 분명 많다. 마지막 장에서 살펴보겠지만, 응고된 우

유를 충분히 섭취하면 면역력과 건강 전반의 향상 외에도 다양
한 이점이 있다.

7.

맛있지만 위험한

소시지와 발효육

FERMENTED
FOODS

Fermented Foods

하루 중 가장 바쁜 아침 시간에 소녀가 부엌에 들어오면 그들은
소시지 접시 위에서 손을 맞잡았다. 소녀가 통통한 손가락으로 껍
질을 잡고 있는 동안 그가 살코기와 지방으로 속을 채웠고, 때로
는 혀끝으로 익히지 않은 소시지의 간을 보기도 했다.
— 에밀 졸라, 『배부른 자와 굶주린 자』[1]

　가난한 사람들이 '흰 고기'라고 부르며 주식으로 삼았던 치즈
는, 전분 중심의 식생활에 균형을 잡는 데 꼭 필요한 단백질원이
었다. 이들이 먹는 진짜 고기는 주로 소시지, 햄처럼 발효, 염지,
방부 처리를 거친 가공육이었을 것이다. 치즈와 마찬가지로 가
공육도 젖산균에 의해 보존되었다. 그러나 치즈는 색이 일정한
밝은 색으로 변하므로 첨가물을 넣는 데 어느 정도 한계가 있지
만, 소시지나 햄 등 발효육에는 유해하고 위험한 내용물을 얼마

든지 넣을 수 있었다. 미국 농무부의 한 관리는 음식에 관한 책을 쓰는 작가 웨이벌리 루트에게 "가공육은 그 자체도 오염에 취약할 뿐 아니라 유사 첨가물을 넣은 후 그 사실을 숨기기도 너무 쉽다"고 실토했다.[2]

이처럼 쉽게 오염되고 쉽게 첨가물을 넣을 수 있다는 문제는 실제로 수백 년 전부터 이미 존재해왔다. 누군가의 감언이설을 듣고 얼토당토않은 소망을 품은 사람에게 흔히 던지는 '소시지가 어떻게 만들어졌는지'를 잘 살피라는 속담이 생겨나기 훨씬 이전부터일 것이다. 역사적으로 발효육은 신뢰나 절박함, 혹은 이 두 가지가 불편하게 혼합된 마음가짐으로 먹은 음식이었다.

인간이 한곳에 정착해 농사를 지으며 살아가기 전에는 고기를 저장해두고 먹었다. 그런데 고기는 풍부한 만큼이나 상하기 쉬웠다(40만 년 전 인간이 골수를 저장해두고 먹으려고 숨겨놓은 뼈가 최근에 발견된 바 있다[3]). 건조한 온대 지역 사람들은 이런 방법을 쓰기에 상대적으로 유리했다. 사슴이나 버팔로의 뒷다리나 허리 고기에서 수분을 제거하는 일이 관건이었다. 어딘가에 걸어놓고 말리는 게 가장 빠른 방법이었고 거기에 증기를 쐬어 항균 효과를 더해주었다. 그러나 이런 기술은 주먹구구식이라 불확실성이 컸다. 그렇게 보존된 고기만큼이나 상해버린 것도 많았다.

하지만 시간이 지나면서 보존 기술은 점점 향상되었다. 고기는 값이 비싸서 다른 식재료에 비해 고급 식재료라고 할 만했다. 그러므로 육류 공급업자들은 조금이라도 더 나은 보관 기술을

브라질 마라냥주에서 야외 건조중인 고기. 육류 건조법의 역사는 선사시대까지 거슬러올라간다. 유목민들에게 건조법은 상하기 쉬워 주의를 요하는 식품을 보존하는 최상의 방법이었다.

필사적으로 찾아헤맬 수밖에 없었다. 비록 소시지가 처음으로 역사에 출현한 것이 언제인지 학문적으로 분명하게 밝혀진 바는 없지만, 4천여 년 전 메소포타미아인들이 다져서 양념한 고기를 동물 창자에 집어넣었고, 바빌로니아인들이 그렇게 채워넣은 고기를 발효시켰다는 증거가 남아 있다. 그러나 소시지를 만드는 기술은 고대 지중해에서 가장 정교하게 발달했다.[4] 그리스인들은 매우 다양한 종류의 소시지를 만들어 먹었는데 그중 상당수는 돼지고기에 각종 약초와 향신료를 넣고 양념해 만든 것들이었다. 『오디세이아』의 한 대목에서 호메로스는, 이타카에 도착한 뒤로 페넬로페의 구혼자들을 물리칠 생각에 전전긍긍하며 잠 못 이루는 영웅 오디세우스를, 불 위에서 "이리저리" 뒤집히는 "지방과 피"로 만든 소시지에 비유하기도 했다.[5]

처음에는 소시지에 온갖 내용물과 양념을 다 넣었는데 하나같이 백슬로핑 방식으로 만들었다. 말하자면, 조리법에 따라 속을 5~25퍼센트쯤 따로 남겨두었다가 다음 소시지를 만들 때 넣는 식으로 소시지를 발효시킬 세균을 접종한 것이다. 이렇게 대량의 종균 접종은 해로운 미생물이 침입하여 번식하는 것을 막아주었으므로 소량의 소시지를 만들 때는 상당히 믿을 만한 방법이었다. 한번 접종하면 여러 종의 종균이 이식됐고 따라서 하나가 죽어도 다른 강한 종균이 그 자리를 대체했다.

소시지 속에서 사는 세균은 대부분 정상발효 젖산균이고, 그 중 다수가 락토바실루스 플란타룸Lactobacillus plantarum(과채 유래 유산균)과 관련돼 있었다. 락토바실루스 카세이나 락토바실루스 라이히마니이Lactobacillus leichmannii 같은 유익균, 무해한 효모와 곰팡이, 장구균이나 리스테리아균 같은 유해균이 같이 들어 있는 경우도 있었다. 요컨대 실제 미생물총은 사용 재료, 공기, 기온, 통풍, 소금 같은 첨가물 등이 조금만 달라져도 완전히 바뀌었다.[6] 살라미나 이와 유사한 자연 건조 소시지는 표면 균류지 비율이 95퍼센트가 됐을 때 숙성이 시작됐다. 점점 수분이 줄어들면서 2주 정도 지나면 곰팡이와 효모의 양이 동일해지고, 숙성이 끝나면 곰팡이가 지배적인 미생물로 남았다.[7] 그동안 속에 들어간 고기에서는 젖산균이 활동하며 pH를 낮추어 다른 미생물이 자라지 못하도록 막았다. 그리하여 일이 제대로만 진행되면 지금

칼 베르네, 〈소시지 장수The Sausage Seller〉, 1861, 에칭. 아마 가장 흔하고 우리에게 가장 친숙한 발효육일 소시지는 속에 든 고기에서 증식하는 정상발효 젖산균과 케이싱에서 증식하는 균류지가 다양한 만큼, 이들 미생물이 각종 첨가 재료와 결합하면서 무척 다양한 맛을 낸다.

우리가 먹는 것과 흡사한 소시지가 만들어졌다.[8]

초창기 소시지와 오늘날의 소시지 사이에는 로마라는 중간 기착점이 있었다. 고대 로마인들은 와인, 치즈와 마찬가지로 소시지 제조 기술에도 선구적이었다. 소시지의 발명은 필요에 의해서였을 것이다. 희생 제의 같은 종교 의식을 치르고 나면 케이싱에 채워넣을 선지가 잔뜩 남았기 때문이다. 물론 소시지 속에 역병에 걸린 노새 고기나 소시지 업자가 밀반입한 절도 고기가 들어갔다는 의혹이 돌긴 했지만. 보통 소시지 속은 고기, 선지, 지방, 내장으로 채웠는데, 로마에서는 동물 내장에 천 깔때기를 꽂고 이것들을 밀어넣었다. 그렇게 만든 소시지를 유익균이 풍부한 동굴에서 발효시킨 다음 자작나무와 떡갈나무 장작불 위에서 훈제했다.[9]

로마 소시지는 형태가 두 가지였다. 뚱뚱한 자루처럼 생긴 것과 가늘고 길게 생긴 것이었다. 1세기의 미식가 아피키우스는 이 두 가지 소시지의 조리법을 기록했다. 하나는 삶은 달걀, 잣, 양파, 파, 다량의 선지가 필요했는데 이 소시지는 보텔룸botellum이라고 불렀다. 루카니안lucanian이라는 가느다란 소시지는 아마 로마에서 가장 인기 있는 소시지였을 것이다. 아피키우스에 따르면, 이것은 후추, 커민, 세이보리, 루타, 파슬리, 혼합 허브, 월계수 열매와 발효 액젓인 리콰멘을 한데 넣고 빻은 것에 지방과 살코기(주로 돼지고기)를 섞은 다음 그걸 케이싱에 빵빵하게 밀어넣고 훈제했다. 루카니안 소시지는 오늘날에도 비슷한 방식으로 만들어지는 다양한 북이탈리아 소시지의 전신으로 여겨진다.[10]

아피키우스가 설명한 소시지들은 로마제국 전역에서 즐겨 먹었다. 긴 소시지는 여관이나 선술집 서까래에 매달아 숙성시켜 두었다가 배고픈 투숙객들에게 팔았다. 도시의 도로변에는 소시지 장수들이 흔했다. 시인 마르티알리스는 "연기가 무럭무럭 나는 뜨거운 소시지 팬을 들고 다니면서 소리치는 빵 장수"가 내는 소음에 짜증을 냈다.[11] 페트로니우스의 『사티리콘』에는 부유한 자유민 트리말키오가 공들여 준비한 파티 장면이 나온다. 파티장에 차려진 호화로운 요리 중엔 돼지구이도 있는데, 그 속을 채운 푸딩과 소시지는 바로 그 돼지의 선지와 내장으로 만들었을 것이다. 또 오비디우스가 쓴 필레몬과 바우키스 이야기에는 부부가 초라한 부엌에서 나그네로 위장한 신들을 맞이하는 장면이 나오는데 거기에도 훈제 햄이 걸려 있다.

그러나 소시지는 일상 음식의 지위를 넘어 신성과 관련되면서 이교도의 제의에서 중요한 역할을 한다. 네로 황제 통치기(54~68)에 열린 루페르칼리아 축제는 목신 판(뿔과 다리는 염소, 나머지 부분은 인간의 모습을 하고 음악을 좋아하는 숲과 목양의 신―옮긴이)을 모시는 축제인데, 벌거벗은 젊은이들이 길거리에 나와 춤을 추고, 젊음을 유지하게 해준다고 믿어 채찍질을 간청하는 여자들에게 채찍을 휘둘렀다. 그리고 소시지가 넘치도록 제공되었다. 이 광란의 축제에 소시지가 얼마나 중요했는지, 콘스탄티누스 황제는 기독교로 개종하고 나서 두 종류의 소시지를 모두 금지시켰다. 기독교인들은 이 음식의 생김새를 불편하게 여겼을 뿐 아니라 주재료로 흔히 쓰인 피를 보고는 하얗게 질리기까지 했다. 하지만 교세가 확장일로에 있던 기독교측의 지탄도 소시지의 인기를 약화시키진 못했다. 중세 암흑기에 이 남근 모양의 음식은 지하로 숨어들어 암시장에서 활발히 거래됐다.[12]

소시지는 발명된 그 순간부터 암시장에서든 일반 시장에서든 인기 있는 상품이었지만, 모든 기후대에서 만들 수 있는 식품은

안드레아 카마세이, 〈루페르칼리아 축제Lupercalia〉, 1635. 유화. 로마 여성들이 영원한 젊음과 아름다움을 기원한 이 광란의 축제에서 소시지는 상징적인 음식이었다. 고대에 소시지는 로마제국 말기까지 전성기를 누리다가 중세에 와서는 인기가 사그라들었고, 근대에 와서 다시 인정받는 음식이 됐다.

아니었다. 습도가 낮고 볕이 충분한 곳에서만 제대로 만들 수 있었다. 유럽 최북단 지역에서는 만들기가 특히나 더 어려웠다. 그래서 그 지역 문화권에서는 다른 대안에 의존했다. 노르웨이에서는 페날로르fenalår라는 소금에 절인 양고기를 먹었다. 소금에 절인 양 다리를 온도를 잘 통제한 곳에 걸어놓으면 연화성 곰팡이가 증식했다. 그러면 그걸 훈제해 습한 날씨에도 부패균이 자라지 못하게 한 다음, 기둥 사이에 설치해놓은 전통 저장고에서 말렸다. 바이킹들이 고된 항해를 견디게 하는 윤활유로서 페날로르를 먹은 것처럼, 3000년 전 노르웨이 서부 유목민들 역시이 페날로르를 먹었다. 검붉은 빛을 띠었으며 원재료인 동물 특유의 냄새가 확연하게 나는 페낼로르는 흔히 얇은 비발효 비스킷, 달걀, 맥주를 곁들여 먹었다.[13] 이 음식은 토양이 돌투성이에다 해가 짧아 농사를 짓기 어려웠던 북유럽 식생활에서, 천 년이 넘는 세월 동안 중요한 역할을 했다.

북유럽의 혹독한 환경은 섬나라들도 예외가 아니었다. 아이슬란드도 노르웨이처럼 목양을 했기에, 양고기를 유청에 넣어 절이거나 말려서 훈제했다. 이렇게 말려 훈제한 고기 중에 하웅기키외트hangikjöt라는 음식이 있는데 주로 명절 때 먹었다. 하웅기키외트는 막 도축한 양의 다릿살, 목살, 갈빗살, 뱃살을 잘라내어 만들었다. 일단 각 부위를 물에 담갔다가 소금에 절인 다음 2~3주 동안 주로 부엌 화덕 위에서 훈제했다. 화덕에는 이탄, 양 배설물, 자작나무 등을 넣고 태웠는데 연료마다 독특한 향이 났다. 훈제가 끝나면 오두막에 넣고 말려 저장해두었다가 다음 명절 때 꺼내 먹었다.[14]

기후가 나쁠수록 발효육은 더 중요했다. 핀란드 최북단의 사미라는 곳에서는 주식인 순록 고기를 바닷소금과 젖산균으로 발효시키고 닦아낸 다음 천천히 타는 오리나무나 자작나무, 노간주나무 조각을 태운 연기로 냉훈제해서 먹었다. 그린란드 주식에는 토착민인 이누이트족의 사냥 문화가 반영되었다. 고래, 바다표범, 바다코끼리, 순록 등의 고기를 몇 주 동안 높은 나무 막대기에 걸어놓고 말렸다가 저장고에 넣었다. 말릴 때는 소금으로 절이지도 않고 완전히 자연 상태 그대로 말렸다. 이누이트족은 이들 동물의 고기와 지방을 가죽 자루에 넣어 봉한 다

전통적인 방법으로 바다표범 고기를 건조하는 모습. 극지방에서 흔한 동물인 순록, 고래, 바다코끼리의 고기와 더불어 바다표범 고기 역시 주변 미생물이 증식하면서 발효된다.

음, 자갈 해안에 묻었다. 거기서 내용물은 몇 주 또는 몇 달에 걸쳐 발효되었다.[15] 알래스카 사람들도 비슷한 음식을 만들었는데, 아주 잘 어울리게도 냄새 고약한 머리라는 뜻인 스팅크헤드 stinkhead라고 불렀다. 북태평양산 치누크 연어의 머리를 땅에 묻어 몇 달 동안 발효시키는 음식으로, 발효가 끝나면 으깨서 먹었다.

스팅크헤드는 전 세계에서 즐겨먹는 발효 생선의 한 예일 뿐이다. 불과 얼마 전까지만 해도 생선은 손쉽게 구할 수는 있지만 상하기 쉬워서 가난한 사람들을 위한 음식이었기에, 어획물을 제대로 보존하는 일이 다른 무엇보다도 중요했다. 발효 생선은 식생활에 부족한 단백질과 필수 영양분을 제공했다. 또한 발효 과정에서 효소와 미생물의 작용으로 단백질, 지방, 포도당은 펩타이드 및 아미노산, 지방산, 젖산으로 바뀐다.[16]

염지 과정을 거친 식품에는, 고염 배지에 저항성이 높은 세균이 증식한다. 따라서 발효가 진행되면서 세균의 분포가 점점 변하다가 20여 일이 지나면 락토바실루스(젖산균), 연쇄상구균, 페디오코쿠스Pediococcus가 주가 된다.[17] 발효가 제대로 끝나면 수분 함유 정도에 따라, 글루탐산 함량이 높아 감칠맛이 폭발하는 영양 많은 페이스트나 액체가 된다.

오래전부터 세계 곳곳에서 발효 생선을 만들어 먹었고 지금도 먹고 있다. 수단 사람들은 페시크fessiekh를 만들기 위해 임시 헛간부터 짓는다. 거기서 갓 잡은 생선을 통째로 씻고 소금을 덮은 다음 돗자리나 바구니 또는 구멍난 드럼통에 층층이 쌓아놓고, 기후 조건에 따라 3~7일 동안 발효시킨다. 충분히 발효됐다 싶으면 물기가 빠진 생선을 더 큰 발효통에 넣고 소금을 추가한 다음 뚜껑을 덮고 10~15일 더 발효시킨다. 발효가 끝나면, 발효 과정에서 질감이 부드러워지고 은빛 광택이 나면서 톡 쏘는 향을 풍기게 된 페시크를 캔으로 만들거나 봉지에 담아 판매한다.[18]

남태평양 지역에 발효 생선이 풍부한 것은 전혀 놀랄 일이 아닐지도 모른다. 인도네시아 사람들은 작은 생선이나 가다랑어 내장을 엄청난 양의 소금과 섞은 다음 10~15일간 햇볕에 말리고 약 30일 동안 발효시켜서 바카상bakasang을 만든다. 필리핀에

밥과 채소를 곁들인 프라혹. '캄보디아 치즈'로도 알려진 이 발효 생선을 준비하는 과정은 그리 식욕을 돋우지 않는다. 하지만 3주에서 3년 정도 숙성되고 나면 독특한 향미가 생기기에, 캄보디아 사람들에게 가장 사랑받는 전통 식품이 되었다.

도 이와 비슷한 파티스patis가 있는데 2년 정도까지 숙성시켜서 만든다. 캄보디아에는 프라혹prahok이 있다. 프라혹은 미꾸라지 혹은 실버구라미(후자는 라오스 음식과 더 밀접한 관련이 있다)를 씻어 비늘을 벗기고 내장을 제거해 만든 페이스트로, 생선을 짓이겨 햇볕에 말린 다음 큰 질항아리에 넣고 대나무로 짠 뚜껑을 덮어 발효시켜 만든다. 프라혹은 3주 정도 발효시키면 먹을 수 있는데 3년이 지나면 풍미가 매우 좋아진다. 톡 쏘는 듯한 냄새 때문에 '캄보디아 치즈'라는 별명을 얻기도 했다. 보통 소고기와 같이 먹거나 소스로 먹는다.

무슨 동물의 고기를 발효에 사용하건 그 최종 결과물에는 독성이 있을지도 모른다는 불안이 항상 따라다녔다. 빵, 맥주, 와인, 치즈에 든 미생물보다 썩은 발효육에 있는 미생물이 생명에 더 위협적이었다. 발효 고기의 톡 쏘는 맛 탓에 소시지나 생선 페이스트가 부패한 건지 아니면 단지 너무 오래 발효시킨 건지 구별하기 어려웠기 때문에, 위험은 더 컸다(발효가 탄수화물을 산화시키는 반면, 부패는 주로 고기의 단백질 성분을 망가뜨린다. 부패는 또한 바람직하지 않은 세균이 증식했을 때 일어나는 현상을 설명하는 용어이기도 하다). 10세기에 비잔티움 제국의 황제 레온 6세는 식중독이 발생하자 선지 소시지를 금했다. 이 식중독은 꽤 자주 발생했고, 그때마다 호흡곤란, 언어장애, 시력 저하 등의 비슷한 증상이 수반됐다. 발효육을 원인으로 의심하기는 했지만, 그게 어떻게 사람들을 아프게 하는지는 아무도 몰랐다. 여하튼 식중독을 예방하거나 멈추기 위한 법안이 발효됐지만, 이런 방법으로는 한계가 있었다.

그 돌파구는 19세기에 마련됐다. 독일의 의료 장교 유스티누스 케르너가 상한 소시지와 식중독의 관련성을 파악한 덕분이다. 1820년에 그는 27년 전 뷔르템베르크에서 발생한 식중독 사건에 주목했다. 특정 소시지를 먹고 37명이 사망하고 76명이 식중독 증세를 일으킨 사건이었다. 그 소시지는 창자 대신 위를 케이싱으로 쓴 두툼하고 묵직한 소시지였다. 케르너는 이처럼 큰 케이싱에 집어넣은 고기에는 수분이 너무 많이 남아 있어서 가정에서 늘 이용해오던 굴뚝 연기로는 이런 소시지를 제대로 훈제할 수 없다는 사실도 발견했다. 케르너는 다양한 소시지 샘플에서 식중독을 일으켰을 것으로 의심되는 물질을 추출했다. 그리하여 1822년에 처음으로 소시지 식중독에 대한 포괄적인 설명을 내놓았다. 그는 당대 특유의 실험주의자다운 용기로 이 물질을 스스로에게 주입하여 자신의 결론을 확인해보았다. 그 결과 실제로 병증을 앓았고, 다행히 죽지 않고 살아남았다.

이후 밝혀진 바지만, 케르너는 보툴리누스 식중독을 일으키는 원인을 찾아낸 것이다.[19] 클로스트리듐 보툴리눔Clostridium botulinum이라는 사악한 미생물이, 발효중인 고기의 따뜻하고 산도가 낮은 환경에서 마음껏 증식했다. 케르너의 발견은 뷔르텐베르크에서 사랑받는 소시지를 만드는 방법에 일련의 변화를 불러왔다. 하지만 공중보건 면에서 이루어낸 그런 승리는 발효육을 대량생산해달라는 엄청난 압력에 역행하는 일이었다. 문제는 소시지가 대량생산이나 장거리 수송에 적합하지 않았다는 점이다. 예를 들어 1880년대에 독일이 영국에 수출한 꽤 많은 양의 소시지 중 상당 부분이 운반 과정에서 상해버렸다. 영국의 한 저명한 의사는 42세의 정원사가 독일 통조림 소시지를 먹고 갑자기 메스꺼움, 홍조, 오한, 호흡곤란 증세를 보이다가 8일 뒤에 사망한 사건을 보고한 바 있다.[20]

나중에 조사원들이 "주석 도금한 양철통"에 액상 지방과 함께 담아 파는 소시지를 먹고 앓은 사람들을 추적했는데, 알고 보니 정원사는 그렇게 찾아낸 수많은 사례 중 하나일 뿐이었다.[21] 하지만 소시지만 문제가 아니었다. 영국 포츠머스에서는 1891년

242

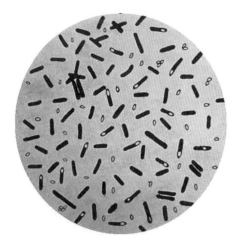

클로스트리듐 보툴리눔 균
총. 이 치명적인 미생물은
20세기에 들어와서도 여전
히 통조림 고기에 도사리는
위험 요소였다. 이는 통조
림 발효 식품을 먹는 사람
이라면 누구나 직면한 문제
였다. 사람들은 자신이 유
익균(발효)을 먹는지 유해균
(부패)을 먹는지 결코 확신
할 수 없었다.

미트 파이 때문에 13명이 식중독을 앓았고, 1878년에는 돼지고
기 다릿살을 먹고 3명이 사망한 사건이 발생했다.[22] 후자의 경우
판매 가게가 문제였다.

> 그 가게는 계단 밑을 식품 저장실이랍시고 사용하면서 돼지 다리
> 를 그곳에 보관했다. 그 장소에서는 내내 환풍기가 돌았고, 한 번
> 도 청소한 적 없는 지저분한 개집과 배수로의 고인 물에서 증발된
> 공기가 뒤섞여 떠다녔다.[23]

개집이든 배수로의 '고인 물'이든, 비위생적인 환경이 고기를
상하게 만든 주범으로 지목되는 경우가 많았다. 이는 잘못된 생
각이 아니었다. 미국 소설가 업턴 싱클레어는 1906년에 쓴 소설

시카고 스위프트 앤 코 포장육 공장에서 일하는 육류 감독관들. 소설가 업턴 싱클레어를 비롯한 개혁주의자들은 위생 문제 등 이 산업에 만연한 온갖 나쁜 관행을 조명했다. 포장육 공장과 거기서 생산된 제품엔 온갖 유해균이 들끓었다. 그러나 결국 미국의 개혁주의자들이 승리를 거두어 1906년부터 순수식품의약품법이 시행되었다.

『정글The Jungle』에서 미국 포장육 산업의 비난받아 마땅한 관행을 폭로한 것으로 유명하다. 그는 "소시지에 뭐가 들어갔는지 누구도 관심을 갖지 않았다. 유럽에서 팔리지 않고 남았거나 흰 곰팡이가 핀 오래된 소시지를 들여왔다"라고 썼다.[24] 이런 소시지를 버리는 대신 "붕사와 글리세린을 첨가하여 큰 깔때기에 넣고 가정에서 먹을 소시지로 만든다"고도 썼다.[25] 새로 만든 소시지에 들어간 재료는 더할 나위 없이 좋은 것들이었다. "먼지와 톱밥투성이에다 일꾼들이 그 위를 저벅저벅 걸어다니고 수십억 마리의 세균이 든 타액이 낭자한 바닥에 쏟은 고기"부터 "흙, 녹, 낡은 못, 오래된 물"과 쓰레기통에 버려진 온갖 것들이 그 안에 들어갔다.[26]

싱클레어의 독자들은 오토 폰 비스마르크가 "법은 소시지와 다를 바 없다. 어떻게 만드는지는 안 보는 게 낫다"고 빈정거릴 때 어떤 심정이었을지를 그제야 온전히 이해했다. 1906년에 발효된 미국 순수식품의약품법은 아주 끔찍한 관행들을 통제했다. 법을 따르고자 하는 식품 회사들을 돕기 위해 쓰인 『고기 숙성과 소시지 제조의 비법』이란 책도 나왔다. 새 식품법에 따라 육류를 절이고 발효시키는 법을 개괄한 책이었다. 서문에는 다음과 같이 쓰여 있다.

이 책에는 온갖 종류의 고기를 다루고 온갖 종류의 소시지를 만드는 공식과 규칙이 담겨 있다. 이는 포장 전문가들과 화학자들이 평생에 걸쳐 자기 분야의 각 단계에서 경험하고 연구한 결과다.[27]

이렇게 전문가들과 화학자들이 제시한 기준이 포장육을 더 깨끗하고 안전하게 제조하는 데는 큰 역할을 했지만, 소시지 등의 발효육을 안정적으로 대량생산하는 방법은 1942년에 이르러서야 찾을 수 있었다. 이전의 과학자들은 건조 또는 반건조 소시지와 햄을 만드는 종균을 분리하는 데는 성공했지만, 실험실 환경에서 종균이 제 역할을 하지는 못했다. 그래서 과학자들은 다

WITH THE FREEZE-EM-PICKLE PROCESS AND
"A" AND "B" CONDIMENTINE ANYONE CAN
CURE MEAT AND MAKE GOOD SAUSAGE

"프리젬피클 믹스와 몇 가지 조미료만 있으면 누구나 고기를 절여 좋은 소시지를 만들 수 있습니다."
20세기 초의 소시지 종균 판매 광고물. 우리에게 친숙한 다른 발효 식품과 마찬가지로 절인 고기, 소시지도 과학 발전의 물결에 휩쓸렸다. 연구자들은 발효에 핵심 역할을 하는 세균을 분리해내 상업화에 활용했고, 그 결과 다소 평범한 맛으로 표준화되긴 했지만 발효육 제품이 안전하게 먹을 수 있도록 만들어졌다.

른 종균들을 분리해냈다. 페디오코쿠스 세레비시에Pediococcus cer-evisiae라는 균은 괜찮아 보이는 후보였다. 육류 발효 때 흔히 보이는 균은 아니었지만, 미국은 1950년대에 이 균을 육류 발효를 위한 첫 종균으로 도입했다. 이후 수십 년간 연구한 끝에 과학자들은 그보다 더 안정적인 락토바실루스라는 종균을 찾아 배양에 성공했다.[28]

오늘날 미국에서는 발효 소시지 종균 대부분이 젖산균만으로 되어 있다. 이 균으로 만든 소시지는 고온에서 단시간 발효시키고, 더 확실한 안전을 위해 여기에 삶는 과정을 덧붙이는 경우도 있다. 하지만 유럽 소시지 제조업자들은 다른 접근법을 쓴다. 그들은 포도상구균Staphylococcus, 미크로코쿠스Micrococcus, 코쿠리아Kocuria, 이 세 종류의 미생물을 접종한 소시지를 저온에서 장시간에 걸쳐 발효시킨다.[29] 온도, 시간, 미생물의 차이는 일단 제쳐두고라도, 공장 소시지는 소규모 생산 소시지가 지닌 깊고 풍부한 맛이 결여되어 있다. 예컨대 페퍼로니와 그 사촌 격인 서머 소시지가 미국 시장을 지배하고 있는데, 소비자들은 브랜드마다 맛의 차이가 있는지 구별하기 어렵다.

다행히 요즘 다시 소규모 발효육이 생산되고 있다. 정부의 감독 덕분에 소비자들은 이제 목숨을 걸지 않고도 안전하게 즐길 수 있게 되었다. 그 재료가 여전히 찜찜할 수는 있다. 예컨대 핫도그에는 알 수 없는 조각들이 들어 있으니까. 그러나 소시지 판매와 금전적 이해관계가 전혀 없는 기관이 존재하는 덕분에, 한때 맛은 있지만 위험했던 이 음식을 마음놓고 먹을 수 있게 되었다. 사실 수제 소시지의 승리는 아무런 경제적 이해관계가 없는 정부 부처가 존재해서뿐 아니라 식품 과학이 올바로 적용된 덕분이기도 하다. 위생 및 생산 기술의 발전으로 소시지 등의 발효육이 제 모습을 갖추게 됐으니까. 어쩌면 우리는 이제야 처음으로 그 생산 과정을 제대로 들여다보고 싶어진 건지도 모른다.

8.

영양에 대한 새로운 접근

발효 식품의 현재와 미래

FERMENTED
FOODS

알고 보니 건강의 열쇠는 발효에 있었다.

—루스 라이셜[1]

빵, 와인, 맥주, 피클, 소시지, 치즈 등의 발효 식품은 수 세기 동안 식량 부족과 기아로부터 인류를 지켜내면서, 고대 왕국 및 현대 산업도시 건설의 기반이 되어주었다. 뿐만 아니라 무역과 탐험 길에도 연료가 되어주었고, 당장 허기진 수백만 인구의 배를 채워주었다. 발효를 비롯한 식품 보존법을 터득한 덕분에 우리 선조들은 조금이나마 식량 안전을 확보해, 다음 끼니 외에 다른 것들에도 관심을 가지게 되었다.

특히 자연에 대한 과학적 관심도 당면한 현실 밖 세상의 일부였다. 자연과 우리 자신의 가장 깊숙한 구석을 연구한 결과, 우리가 먹는 음식과 우리의 내장에 사는 초미세 유기체의 영역이

제 모습을 드러냈고, 아마도 우리 내장이 가장 이상적인 발효통이리라는 사실도 함께 밝혀졌다. 인간의 소화 체계는 지구상에서 가장 복잡한 생태계로, 초미세 생물 수조 마리가 살고 있다.[2] 예컨대 미국인의 장에는 약 1200여 종의 미생물이 숙주와 영양분을 주고받으며 살아간다고 한다.[3]

이 장내 미생물군은 우리가 세상에 나오기도 전에 만들어진다. 엄마의 양수, 태반, 대장, 산도에 있던 다양하고 풍부한 미생물 생태계가 태아로 이식되기 때문이다.[4] 신생아가 모유를 먹을 때 역시 그 안에 들어 있는 다양하고 풍부한 인체 내 미생물도 함께 섭취한다.

네 살 무렵이면 우리 소화기의 미생물 생태계가 완전히 자리 잡고, 그 뒤로는 생태계가 매우 안정적으로 유지된다. 몸안에 들어온 미생물들은 우리 소화관 어딘가에 자리잡는다. 하지만 얼마나 오랫동안 머무르는지는 우리가 섭취하는 음식과 항생제 복용 여부에 따라 달라진다.[5] 건강한 성인의 몸에 있는 장내 미생물군 중 80퍼센트는 그람 음성균인 박테로이데테스Bacteroidetes(의 간균류), 그람 음성균인 프로테오박테리아Proteobacteria, 그람 양성균인 악티노박테리아Actinobacteria(방선균류), 그리고 그람 음성균인 피르미쿠테스Firmicutes(후벽균류), 이 네 종류에 속한다.[6] 그런데 우리가 섭취하는 음식이 이 분포에 변화를 일으킬 수 있다. 예컨대 지방이 많고 섬유질이 적은 식사를 할 경우 피르미쿠테스와 프로테오박테리아가 증식하는 반면, 지방이 적고 섬유질이 많은 식사를 할 경우 박테로이데테스가 증식한다.[7] 유럽의 한 연구에서,

전형적인 서구형 식사를 하는 어린이들과 섬유질이 풍부한 전통 음식을 먹는 아프리카 어린이들의 장내 미생물군을 비교한 적이 있다. 그 결과, 아프리카 어린이들의 장내에서는 프레보텔라 Prevotella속 및 자일라니박터Xylanibacter속 세균과 더불어, 박테로이데테스가 큰 비중을 차지하고 있었다. 그리고 당연하게도, 지방을 좋아하는 피르미쿠테스는 무시할 만한 정도에 그쳤다.[8]

그런데 장내에 피르미쿠테스가 많은지 박테로이데테스가 많은지가 몸의 건강 상태를 뜻할 수도 있다. 이 연구에서 아프리카 어린이들에게서 가장 많이 검출된 미생물은 식이섬유에서 에너지 섭취를 극대화하고 염증과 감염으로부터 몸을 보호하는 역할을 한다.[9] 그러나 반드시 전통 음식을 섭취해야만 그런 미생물이 증식하는 것은 아니다. 우리 각자의 몸속 미생물 생태계가 다양한 방식으로 우리 건강에 부정적 또는 긍정적 영향을 미치는 탓이다. 장내 미생물은 주로 셀룰로스나 펙틴, 수지나 저항성 녹말처럼 소화하기 힘든 탄수화물을 단쇄지방산으로 발효시키는 일을 하지만, 여러 가지 다른 작용도 한다.[10] 연구 결과, 장내 미생물은 비타민 B와 K를 합성하고, 면역 체계를 만들고 강화하며, 알레르기를 예방하고, 각종 감염증, 심장병, 암으로부터 우리 몸을 지켜준다는 사실이 밝혀졌다. 심지어 체중을 늘리거나 줄이는 데까지 관여한다는 사실도.[11] 장내 미생물은 우리 몸의 주요 장기와 닮았다. 그 미생물의 건강 상태에 따라, 병을 멀리하고 내내 활력을 유지하면서 장수할 수도, 잦은 병치레로 고통받다가 일찍 죽을 수도 있다.

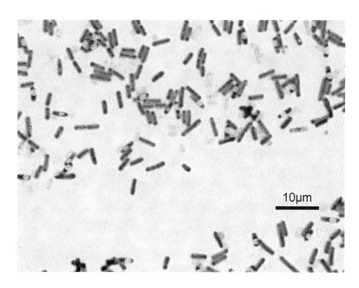

지방을 많이 먹고 식이섬유를 적게 섭취하는 사람의 장내에 주로 증식하는 피르미쿠테스 균총.

다행히 우리는 비교적 쉽게 질병의 늪에 떨어지지 않고 건강을 지켜낼 수 있다. 식생활에 약간의 변화만 주면 단 하루 만에 장내 미생물 생태계를 바꿀 수 있다. 휴먼 푸드 프로젝트Human Food Project 홈페이지를 운영하는 제프 리치는 2014년에 그런 변화를 직접 경험했다. 그가 기록한 바에 따르면, 그는 탄수화물이 적고 동물성 단백질이 많은 식단에서 동물성 단백질과 식이섬유가 많은 식단으로, 그다음엔 탄수화물과 동물성 단백질이 많은 식단으로 바꾸었다. 처음에는 루이지애나주 뉴올리언스에서 살면서 고기 위주의 식생활을 하다가, 풍부한 식이섬유를 같이 섭취하는 식생활로 바꾸었다. 그러다가 텍사스 서부 지역으

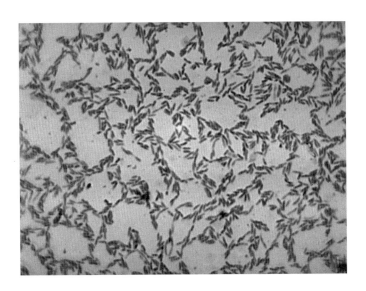

인간의 건강과 소화에 이로운 장내 세균총 중 하나인 박테로이데스 비아쿠티스Bacteroides biacutis. 최근의 과학적 연구 덕분에 우리는 좋은 식생활과 건강한 장내 미생물 생태계 간의 연관성을 보다 넓고 정교하게 이해하게 됐다.

로 터전을 옮기면서, 육류는 여전히 많이 소비했으나 식이섬유 섭취량이 줄었다. 자신의 변을 채취하여 분석해보니 텍사스에서 사는 동안, 장내 미생물 면에서 보면 "완전히 딴 사람처럼" 변했다고 그는 썼다. 뉴올리언스에서는 피르미쿠테스가 그의 장내 미생물 생태계를 지배했는데, 텍사스로 이사한 지 2~3주 만에 지배적인 미생물이 박테로이데테스로 바뀌어 있었다. 건강한 장에 풍부한 비피도박테리아 또한 감소한 상태였다. 이런 감소는 양파, 마늘, 파처럼 불용성 식이섬유가 풍부한 음식을 먹지 않은 탓이라고 그는 생각했다. 피르미쿠테스와 비피도박테리아만 감소한 게 아니었다. 텍사스에 온 뒤로 장내 미생물군의 종류가 절반으로 줄어 있었다. 그는 "생태계 상식으로 생각해보면, 다양성이 적은 미생물군은 환경의 작은 변화에도 취약해 우리를 보다 건강하지 않은 상태로 만들 가능성이 있다"라고 썼다.[12] 리치는 자신의 소화기를 위험한 상태로 만들어왔던 것이다.

엘리 메치니코프가 한 세기 전에 발견했듯이 젖산균은 특히 건강에 이롭다. 요구르트와 치즈에서 발견된 락토바실루스 델브루에키의 하위종 락토바실루스 불가리쿠스는 항생제 복용으로 인한 설사를 감소시키고 유당 불내증 증상을 완화해줄 수 있다. 발효 유제품에 들어 있는 또다른 세균 락토바실루스 카세이는 면역 체계를 자극한다. 이 균이 방광암의 재발을 막아준다는 연구 결과도 있다. 락토바실루스 존소니Lactobacillus johnsonii는 염증을 줄여줄 뿐 아니라 경구 백신의 반응을 향상시키고, 위궤양을 일으키는 헬리코박터 파일로리Helicobacter pylori 균총이 줄어들게 한다.[13]

장내 미생물 생태계의 풍부함과 건강의 이런 연관성 때문에 헤아릴 수 없이 많은 프로바이오틱스 제품이 개발되었다. 2024년이면 그 시장 규모가 대략 660억 달러에 달할 것이라고 한다. 그 안에는 식품, 음료, 그리고 영양가 있는 것 이상으로 건강에 좋은 식품인(기능성 식품이라고도 부르는) 영양제가 포함된다.[14] 장 건강에 관심 있는 소비자는 이제 프로바이오틱스가 들어간 그래놀라, 마가린, 브라우니 믹스, 오렌지주스를 구입할 수 있다.

과학자들이 여기에 더 많은 식품을 추가할지도 모른다. 특히 성인을 위한 프로바이오틱스 음료 개발이 기대를 모은다. 브라질 연구자들은 당밀에서 케피르―코카서스 지방에서 먹어온 요구르트와 비슷한 발효 유제품―배양균을 키워, 맥주 양조용 맥아를 발효시키는 데 넣었다.[15] 싱가포르에서는 인간 장내에서 처음으로 추출한 젖산균 락토바실루스 파라카세이Lactobacillus paracasei L26으로 맥주를 만들었다. 락토바실루스 파라카세이는 독소와 바이러스를 중화시키고 면역 체계를 조절하는 기능이 있는데, 맥아즙에 넣었더니 그 안의 당을 먹고 톡 쏘는 맛을 내는 맥주를 만들어냈다. 연구자들은 천천히 발효시키는 방법으로 이 균을 보존했고, 알코올 함량은 3.5퍼센트 이하로 유지됐다.[16]

유제품, 맥주 등을 먹지 않는 소비자도 얼마든지 다른 다양한 방법으로 유익균을 섭취할 수 있다. 프로바이오틱스 영양제에는 다양한 균주의 미생물이 대량으로 들어 있는데, 그 양은 균총 형성 단위colony-forming units인 CFUs로 측정된다. 프로바이오틱스는 알약, 음료용 가루, 달달한 젤리, 액체 등 다양한 형태로 매일 24시간, 소화 기능부터 활력 증진까지 다양한 도움을 주겠다고 약속한다. 하지만 가격은 결코 만만치 않다.

가격만이 문제는 아니다. 이 제품들이 진짜로 효용이 있는지도 따져보아야 한다. 한두 종류의 프로바이오틱스 균주만 추출해내면 이들 미생물이 우리 몸안에서 복잡하게 작동하는 방식을 간과할 가능성이 있다. 프로바이오틱스균이 건강에 미치는 다양한 효과 중 일부는 특정 종에 국한되기도 하고, 일정 복용량이나 특정 균주에 국한되기도 한다.[17] 균주들 간의 더 광범위

다양한 기능성 식품이 가득한 현대의 슈퍼마켓 매대. 장내 미생물 생태계가 인간의 건강에 미치는 역할을 점점 더 인식하게 되면서, 이 역할을 보존하는 포장 식품도 함께 증가했다. 향후 10년간 그 판매 규모는 수백억 달러에 달할 것으로 전망된다.

하고 복잡한 상호작용으로 효과를 내는 경우라면, 알약이나 가루 형태로 판매하려고 한두 균주를 추출해봤자 아무런 효과를 내지 못할지도 모른다. 특정 건강 효과를 얻으려면 특정 미생물 종이나 균주 또는 일정량을 섭취해야 한다. 또한 건강에 유익하다고 알려진 특정 프로바이오틱스 외에 다른 프로바이오틱스 역시 유익하다는 포괄적인 주장을 입증하는 연구는 아직 충분히 이루어지지 않은 상태다.

또한 세균이 죽는 문제도 있다. 프로바이오틱스 제조사들은 자신들의 제품에 얼마나 많은 세균이 죽은 상태로 들어 있는지

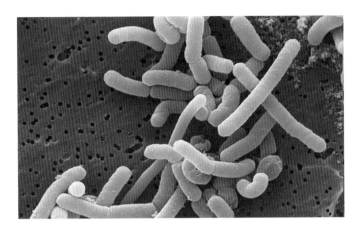

락토바실루스 파라카세이. 싱가포르 연구자들은 최근 장내 유익균을 넣은 맥주를 만들었다. 그들은 발효를 천천히 시키는 방법을 이용해 이에 성공했고, 건강에 좋을 뿐 아니라 산미까지 좋은 음료를 탄생시켰다.

제대로 설명하지 못한다. 죽은 세균이 몇억 마리 정도라면 큰 문제가 아닐 수도 있지만, 수천억 마리라면 면역 체계가 약해진 사람에겐 해로울지도 모른다.[18]

이런 이유로, 우리는 프로바이오틱스 영양제에 돈을 쓴 만큼의 효용을 누리지 못하는 경우가 많다. 한 연구가 이를 극명히 보여주었다. 이 연구를 주도한 이스라엘 텔아비브 바이츠만 과학 연구소의 에반 시결 교수에 따르면, 가장 흔한 균주 11개가 들어 있는 프로바이오틱스를 19명의 자원자에게 섭취하게 했더니, 장내 세균총이 그중 8명에게서만 "눈에 띄게 늘었고, 놀랍게도 건강한 지원자들 중 다수에겐 아무 변화도 일어나지 않았다". "그들의 장에서는 프로바이오틱스가 증식하지 못한 것이다."

이는 장내에서 프로바이오틱스가 증식하지 못하는 사람이 더 많을 가능성을 시사한다. 결국 연구진은 일괄적인 접근법은 통용되지 않으며, 대신 개인 맞춤식 영양제 처방이 필요하다는 결론을 내릴 수밖에 없었다.[19] 우리 장내 미생물 생태계의 건강은, 개개인의 특수한 생물학적 조건과 생활양식에 따라 결정된다는 사실이 밝혀진 것이다. 사람마다 다르다는 상투적인 말이 딱 들어맞는 경우이며, 그러므로 대량생산된 프로바이오틱스는 그리 효과가 없다고 할 수 있다.

장내 미생물 생태계는 외부 환경과 긴밀히 연관되므로, 프로바이오틱스는 영양제보다 음식으로 섭취하는 게 훨씬 낫다. 건강을 지켜줄 수 있는 다양한 프로바이오틱스 또는 프리바이오틱스는 진짜 음식에만 들어 있다. 메치니코프가 처음 발견한 미생물들은 요구르트에 풍부했으므로, 건강을 위해서라면 그런 자연 발효 식품을 먹어야 한다. 다행히 메치니코프 시대 이후로 선택의 폭이 매우 넓어졌다. 현대의 슈퍼마켓 선반에는 250개 이상의 범주에 속하는 발효 식품 3500여 가지가 진열되어 있다.[20] 개발도상국들의 발효 식품을 더하면 그 수는 더 늘어날 터다. 이처럼 다양한 식품이 있으니만큼 잘 모르는 이의 말만 듣고 굳이 초가공 기능 식품에 의존할 필요는 없다.

사실 우리는 오래전부터 먹어온 전통 식품에서 많은 걸 배울 수 있다. 세계 곳곳에서 발효 식품은 여전히 인간의 건강과 안녕에 필수적이며, 생명을 유지하는 데 큰 도움을 준다. 기본적으로

용설란을 수확중인 농부. 수 세기 동안 전통적인 발효 음료는 멕시코인들에게 비타민 B 복합체를 제공하며 그들의 건강을 지탱해왔다.

는, 발효 식품이 비발효 식품보다 영양이 더 풍부하기 때문이다. 예컨대 전통 발효 식품에는 필수 영양소가 들어 있어 사람들을 질병과 기근으로부터 보호해준다. 수수로 만든 전통 맥주는 아프리카 남부 주민들에게 리보플래빈(비타민 B2)과 니아신(비타민 B3)을 공급하여, 옥수수 위주의 식생활을 하는 사람들이 걸리기 쉬운 병인 펠라그라를 막아준다. 서아프리카에서는 야자주가 고기를 거의 먹지 않는 주민들에게 부족한 비타민 B12를 보충해준다. 멕시코 여러 지역에서 즐겨 마시는 용설란 수액으로

만든 발효주 풀케에는 티아민(비타민 B1), 니아신, 리보플래빈이 들어 있다.[21]

하지만 발효 음식은 영양만 공급하는 게 아니라 더 미묘한 방식으로 인간을 보호한다. 유익균이 가득한 장내 미생물 생태계에서는 세균성 병원균이 오래 살아남지 못한다. 공간과 영양을 두고 벌이는 경쟁에서 유익균이 우세하기에 병원균이 설 자리가 없어지기 때문이다. 심지어 어떤 유익균은 화학물질을 분비해 병원균을 죽이거나 숙주의 면역 체계가 침입자에 대한 저항력을 높이도록 유도한다.[22] 외지에서 소화 불량을 겪는 사람이라면 원주민들은 어떻게 그런 부작용 없이 먹고 마실 수 있는지 궁금할 것이다. 해답은 우리의 장내 미생물 환경에 있다. 평소 미생물이 제거된 가공식품만 먹던 여행객에게는, 외국에서 먹고 마실 물한 잔이나 멜론 한 조각 같은 음식 안에 든 병원성 세균을 죽이는 데 필요한 균총이 부족하다.

유익균과의 강력한 상호작용은 건강을 유지시켜줄 뿐 아니라 우리가 세상을 살아가는 방법을 바꿔놓는다. 음식을 발효시키는 행위는 아무것도 당연하게 여기지 않는 행위다. 김치나 치즈를 만들어 저장해두는 건 불확실한 미래에 대비하는 일이자, 인간의 통제를 넘어선 일이 많다는 걸 인정하는 행위이다. 게다가 이런 사실이 고통스러울 정도로 명백한 지역일수록 발효 식품이 더 중요하다. 예컨대 수단에서는 기근을 대비하거나 생존을 위해서 식생활의 60퍼센트가량이 발효 식품으로 이루어져 있다. 그중 카왈이란 식품은 결명차 잎을 발효시켜 햇볕에 말려서 만드는데, 단백질을 비롯한 영양이 풍부하며 수년간 저장해두고 먹을 수 있다. 실제로 1983년에서 1985년까지 기근이 수단을 휩쓸었던 당시에 발효 식품이 유용하게 활용됐다. 구호 활동가들이 갔을 때 그런 발효 식품을 만들어둔 가족만이 살아남아 있었다고 한다. 수단에서 비상식량으로 카왈을 만드는 것은 아주 오랜 전통이다. 힘든 시기가 와도 생필품을 살 수 있을 만큼 저축을 많이 해뒀다고 생각하는 가족을 제외하고는, 수단에서는 모두가 카왈을 만든다.[23]

힘든 시기에 익숙한 사람들은 축제 때조차 낭비를 허용하지 않는다. 인도인들은 축제를 치르고 나서 남은 음식을 독창적인 방법으로 재활용한다. 전날 먹고 남은 음식, 그중에서도 주로 채소류를 소금을 쳐가며 큰 도기 항아리에 겹겹이 쌓는다. 발효되도록 그대로 놓아두었다가 축제가 끝날 때쯤 거기에 기름, 마른 고추, 겨자 잎, 카레 잎을 버무려 넣고 끓여서 따뜻할 때 먹는다.[24]

라틴아메리카 사람들도 비슷하게 음식을 재활용한다. 가공하고 남은 파인애플 껍질을 식초를 만드는 핵심 재료로 쓴다. 물, 설탕, 효모를 가득 채운 통에 껍질을 넣고 충분히 시어질 때까지 발효시킨다. 그 과정은 보통 8일 정도 걸린다.[25] 인도네시아에서는 땅콩과 코코넛 깻묵(기름을 짜고 남은 찌꺼기)으로 템페 봉크렉tempeh bongkrek을 만든다. 깻묵에 리조푸스Rhizopus 사상곰팡이를 접종한 다음 바나나 잎에 싸서 발효시킨다. 이걸 잘라서 튀겨 먹으면, 더 흔히 먹는 콩깻묵으로 만든 것만큼이나 맛있다고

템페 봉크렉을 파는 행상. 템페 봉크렉은 인도네시아에서 아주 오래전부터 즐겨온 식품이지만, 위험이 없지는 않다. 혹여 발효 과정에서 부르콜데리아 글라디올리라는 세균이 증식한 걸 먹으면 치명적인 병에 걸릴 수도 있다.

한다(하지만 이 음식을 즐기는 데는 위험도 따른다. 부르콜데리아 글라디올리Burkholderia gladioli라는 세균에 감염된 걸 먹으면 병에 걸리거나 죽을 수도 있다). 또한 활용력이 뛰어난 수단 사람들은 동물 부위 중 버려지는 부위로 도데리dodery라는 음식을 만든다. 일단 동물의 뼈를 빻아, 물이 든 통에 넣고 사흘간 발효시킨다. 그런 뒤 뼛조각을 제거하고 반죽을 만든 다음, 태운 수숫대 재를 섞어 다시 통에 집어넣고 3~4일 더 발효시킨다. 그렇게 발효가 끝난 도데리를 공처럼 동그랗게 만들어 저장하거나 바로 먹는다. 수단의 또다른 음식 카이두 디글라kaidu digla는 사냥한 동물의 척추뼈로 만든다. 두드려 만든 반죽을 발효시킨 후 공 모양으로 만들

메인주 브런즈윅의 농산물 직거래 장터에서 파는 수제 채소 피클. 오늘날 건강에 대한 관심이 늘어나면서 전통 방식으로 만든 식품에 대한 관심도 새롭게 환기되었다. 덕분에 수제 맥주 등 발효 식품 르네상스의 대열에 수제 피클과 절인 고기가 동참하게 되었다.

어 한 번 더 발효시키면, 심심한 곡물 식단에 단백질 등의 영양을 공급해주는 필수 식품이 된다.[26]

　템페 봉크렉, 도데리, 카이두 디글라 같은 식품은 그 문화적 뿌리가 같다. 그것은 바로, 이윤을 얻기 위해서가 아니라 오직 버텨내기 위해서 발명된 음식이라는 점이다. 따라서 이 음식들 간의 관계는 상호의존적이며, 궁핍할 때나 풍족할 때나 꾸준히 지속된다. 반면 더 산업화된 지역에서는 시장 지향적인 목적으로 식품이 탄생하는 경우가 많기에 단기적 이윤 추구가 다른 동기를 손쉽게 능가한다. 그런 식품이 있어 우리는 오늘도 내일도 원 없이 음식을 즐길 수 있다. 하지만 그 뒤에도 계속해서 그럴 수 있을까?

집에서 만든 발효 식품만 먹고 살아가는 사람은 극히 드물다. 하지만 시간과 조건이 허락한다면 전통적으로 식품을 만들고 저장해온 방법을 보존해야 한다. 오랜 전통대로 만든 발효 식품은 일시적이나마 우리로 하여금 영양 및 건강뿐 아니라 세상과, 그 안에서 알아가야 하는 사람들과 지금까지와는 다른 방식으로 관계 맺게 할 것이다. 발효 식품은 음식이 그저 칼로리, 비타민, 미네랄 같은 요소로 치환되는 생물학적 필요에 불과하지 않다는 점을 우리에게 상기시킨다. 발효 식품을 만들다보면, 사고팔 수 없는 가치에 의존하는 생활 방식을 이해하게 될 것이다. 또한 발효 식품은 다양성과 균형 그리고 아마도 가장 중요할 협력이 있는 삶 속에서만 만개한다는 불변의 진실을 우리에게 상기시킬 것이다.

서문: 믿음직한 친구이자 무자비한 적
인간과 미생물이 맺어온 관계, 그리고 역사

1   Arthur Isaac Kendall, *Civilization and the Microbe* (Boston, ma, 1923), p. 223.

2   마리호 식중독 사건에 대한 현대적인 설명은 Gerald Rowley Leighton, *Botulism and Food Preservation* (*The Loch Maree Tragedy*) (London, 1923)을 참고하라. 현대적인 치료법에 관해서는 Rosa K. Pawsey, *Case Studies in Food Microbiology for Food Safety and Quality* (London, 2007)를 보라.

3   Leighton, *Botulism and Food Preservation*, pp. 193–4.

4   토머스 몽빌 외, 『기초식품미생물학』, 박희동 외 옮김, 월드사이언스, 2013.

5   'Clostridium botulinum', at https://microbewiki.kenyon.edu, accessed 10 February 2018. 미국에서는 매년 평균 25건의 보툴리눔 중독 사례가 나오는데 그중 대부분은 알래스카에서 발생한다.

6   하비 리벤스테인, 『음식 그 두려움의 역사』, 김지향 옮김, 지식트리, 2012.

7   Nancy Tomes, *The Gospel of Germs: Men, Women, and the Mi-

crobe in American Life (Cambridge, ma, 1998), pp. 6–7.

8   하비 리벤스테인, 앞의 책, p. 12.

9   Harvey A. Levenstein, *Revolution at the Table: The Transformation of the American Diet* (New York, 1988), pp. 32–3.

10   위의 책, p. 35.

11   위의 책, p. 38.

12   Paul Clayton and Judith Rowbotham, 'An Unsuitable and Degraded Diet?, Part Three: Victorian Consumption Patterns and Their Health Benefits', *Journal of the Royal Society of Medicine*, ci/9 (2008), pp. 455–60.

13   Jean-Louis Flandrin, Massimo Montanari, Albert Sonnenfeld and Clarissa Botsford, *Food: A Culinary History from Antiquity to the Present* (New York, 2013), p. 495.

14   Bruno Latour, *The Pasteurization of France*, trans. Alan Sheridan and John Law (Cambridge, ma, 1993), p. 35.

15   에드 용, 『내 속엔 미생물이 너무도 많아』, 양병찬 옮김, 어크로스, 2017.

16   H. G. Wells, *The Outline of History*, 2 vols (New York, 1921), vol. i, p. 12.

17   에드 용, 앞의 책, p. 9.

18   위의 책

19   Stuart Hogg, *Essential Microbiology*, 2nd edn (Chichester, 2013), p. 345.

20   에드 용, 앞의 책, p. 10.

21   Percy F. Frankland, 'Microscopic Laborers and How They Serve Us', *English Illustrated Magazine*, viii (1891), p. 117.

22   Thomas Hardy, The Dynasts (London, 1978), p. 88.

1. 웃음과 광란: 와인과 맥주, 양조주의 탄생

1   오마르 하이얌, 『루바이야트』, 윤준 옮김, 지만지, 2020.

2   Nicholas P. Money, *The Rise of Yeast: How the Sugar Fungus Shaped Civilization* (New York, 2018), pp. 8–9.

3 위의 책.

4 S. A. Odunfa and O. B. Oywole, 'African Fermented Foods', in *Microbiology of Fermented Foods*, 2 vols, 2nd edn, ed. Brian J. B. Wood (London, 1998), vol. ii, p. 727.

5 John W. Arthur, 'Brewing Beer: Status, Wealth, and Ceramic Use Alteration among the Gamo of South-western Ethiopia', *World Archaeology*, xxxiv/3 (2003), pp. 516–28.

6 Amaia Arranz-Otaegui et al., 'Archaeobotanical Evidence Reveals the Origins of Bread 14,400 Years Ago in Northeastern Jordan', *Proceedings of the National Academy of Sciences*, cxv/31 (2018), pp. 7925–30.

7 Amanda Borschel-Dan, '13,000-year-old Brewery Discovered in Israel, the Oldest in the World', *The Times of Israel*, 12 September 2018, www.timesofisrael.com.

8 Ian S. Hornsey, *A History of Beer and Brewing* (Cambridge, 2003), p. 86.

9 위의 책, p. 82.

10 위의 책, p. 89.

11 위의 책, pp. 110–11.

12 Max Nelson, *The Barbarian's Beverage: A History of Beer in Ancient Europe* (London, 2005), p. 10.

13 Kenneth F. Kiple and Kriemhild Conee Ornelas, eds, *The Cambridge World History of Food*, 2 vols (Cambridge, 2000), vol. i, pp. 730–40.

14 Edward Hyams, *Dionysus: A Social History of the Wine Vine* (New York, 1965), pp. 36–7.

15 Ian Tattersall and Rob DeSalle, *A Natural History of Wine* (New Haven, ct, 2015), p. 12.

16 Hyams, *Dionysus*, p. 65.

17 Nelson, *Barbarian's Beverage*, p. 72.

18 위의 책, p. 35.

19 Tattersall and DeSalle, *Natural History of Wine*, p. 15.

20 William Younger, *Gods, Men, and Wine* (Cleveland, oh, 1966), p. 131.

21   위의 책, p. 192.

22   Hyams, *Dionysus*, p. 82.

23   Virgil, T*he Eclogues; The Georgics*, trans. C. Day Lewis (New York, 1999), p. 83.

24   Younger, *Gods, Men, and Wine*, p. 187.

25   Henry H. Work, *The Shape of Wine: Its Packaging Evolution* (London, 2018), p. 121.

26   Younger, *Gods, Men, and Wine*, p. 187.

27   Robert Sechrist, *Planet of the Grapes: A Geography of Wine* (Santa Barbara, CA, 2017), p. 12.

28   Zhengping Li, *Chinese Wine* (Cambridge, 2011), pp. 1–2.

29   위의 책, p. 5.

30   위의 책, p. 3.

31   Kiple and Ornelas, *Cambridge World History of Food*, p. 621.

32   Hornsey, *History of Beer and Brewing*, p. 284.

33   위의 책, p. 289.

34   Kiple and Ornelas, *Cambridge World History of Food*, p. 619.

35   위의 책, p. 622.36 Richard W. Unger, *A History of Brewing in Holland 900–1900: Economy, Technology and the State* (Leiden, 2001), p. 377.

37   위의 책, p. 29.

38   위의 책, p. 69.

39   위의 책.

40   위의 책, p. 72.

41   위의 책, p. 89.

42   Simon Schama, *The Embarrassment of Riches: An Interpretation of Dutch Culture in the Golden Age* (Berkeley, CA, 1988), p. 172.

43   Unger, *History of Brewing in Holland*, p. 125.

44   위의 책.

45   위의 책, pp. 128–9.

46   위의 책, p. 124.

47   위의 책, p. 125.

48   위의 책, p. 113.

49   위의 책, p. 115.

50   위의 책, p. 110.

51   Hornsey, *History of Beer and Brewing*, p. 621.

52   위의 책.

2. 위대한 진보: 와인을 구원한 파스퇴르와 양조주의 산업화

1   R. E. Egerton-Warburton, *Poems, Epigrams and Sonnets* (London, 1877), p. 93.

2   Patrice Debré, *Louis Pasteur*, trans. Elborg Forster (Baltimore, md, 1998), pp. 226-9.

3   위의 책

4   루이즈 로빈스, 『미생물의 발견과 파스퇴르』, 이승숙 옮김, 바다출판사, 2003.

5   Debré, *Louis Pasteur*, p. 219.

6   John Farley and Gerald L. Geison, 'Science, Politics and Spontaneous Generation in Nineteenth-century France', *Bulletin of the History of Medicine*, xlviii/2 (1974), pp. 161-98.

7   Debré, *Louis Pasteur*, p. 220.

8   위의 책, p. 7.

9   위의 책, pp. 230-31.

10   René Vallery-Radot, *Louis Pasteur: His Life and Labours*, trans. Lady Claud Hamilton (New York, 1891), p. 120.

11   위의 책, p. 121.

12   Debré, *Louis Pasteur*, p. 89.

13   위의 책, p. 90.

14   위의 책, p. 92.

15   위의 책, p. 91.

16   위의 책, p. 240.

17   William T. Brannt, *A Practical Treatise on the Manufacture of Vinegar and Acetates, Cider, and Fruit-wines* (Philadelphia, PA, 1890), p. 22.

18   Debré, *Louis Pasteur*, p. 239.

19   위의 책, p. 241.

20   R. Wahl, 'Pasteur's "Studies on Beer" the Foundation of Medical
     Science', *American Brewers' Review* (May 1914), pp. 199–201.

21   한센에 관한 이러한 정보는 대부분 여기에 나온다. Louise Crane,
     'Legends of Brewing: Emil Christian Hansen', www.beer52.com,
     6 December 2017.

22   Ian S. Hornsey, *A History of Beer and Brewing* (Cambridge, 2003),
     p. 403.

23   위의 책, p. 412.

24   위의 책.

25   위의 책, p. 413.

26   위의 책.

27   위의 책.

28   위의 책, p. 409.

29   위의 책.

30   위의 책.

31   위의 책.

32   위의 책, p. 410.

33   위의 책.

34   위의 책, p. 411.

35   위의 책.

36   위의 책, p. 410.

37   위의 책, p. 415.

38   James A. Barnett and Linda Barnett, *Yeast Research: A Historical
     Overview* (Washington, DC, 2011), p. 19.

39   Louis Pasteur, *Studies on Fermentation: The Diseases of Beer, Their
     Causes, and the Means of Preventing Them*, trans. Frank Faulkner
     and D. Constable Robb (London, 1879), p. 23.

40   위의 책, p. 26.

41   Barnett and Barnett, *Yeast Research*, p. 19.

42   Thomas Dale Brock, *Robert Koch: A Life in Medicine and Bacteri-
     ology*, 2nd edn (Washington, DC, 1999), p. 94.

43   Crane, 'Legends of Brewing'.

44   위의 책.

45   Barnett and Barnett, *Yeast Research*, p. 29.

46 Brock, *Robert Koch*, p. 100.

47 위의 책, p. 101.

48 위의 책, p. 116.

49 위의 책, p. 97.

50 위의 책, p. 98.

51 위의 책, p. 97.

52 Barnett and Barnett, *Yeast Research*, p. 29.

53 위의 책.

54 Crane, 'Legends of Brewing'.

55 Valdemar Meisen, ed., *Prominent Danish Scientists through the Ages, with Facsimiles from Their Works*, trans. Hans Andersen (Copenhagen, 1932), p. 162.

56 Crane, 'Legends of Brewing'.

57 위의 책

58 위의 책

59 Kenneth F. Kiple and Kriemhild Conee Ornelas, eds, *The Cambridge World History of Food, 2 vols* (Cambridge, 2000), vol. i, p. 624.

3. 오븐 숭배: 고대부터 현재까지, 맛 좋고 서글픈 빵의 역사

1 루이스 캐럴, 『거울 나라의 앨리스』.

2 James A. Barnett and Linda Barnett, *Yeast Research: A Historical Overview* (Washington, dc, 2011), p. 29.

3 이븐 호스퍼드에 대한 대부분의 자료는 다음을 참고했다. Linda Civitello, *Baking Powder Wars: The Cutthroat Food Fight That Revolutionized Cooking* (Urbana, IL, 2017), pp. 36–46.

4 Eben Horsford, *The Theory and Art of Bread-making: A New Process without the Use of Ferment* (Cambridge, MA, 1861), p. 11.

5 *The Royal Baker and Pastry Cook: A Manual of Practical Cookery* (New York, 1902), pp. 1–2.

6 Nicholas P. Money, *The Rise of Yeast: How the Sugar Fungus Shaped Civilization* (New York, 2018), pp. 129–30.

7   위의 책, p. 11.

8   위의 책, p. 146.

9   위의 책, pp. 147–9.

10   Constantine John Alexopoulos, Charles W. Mims and Meredith Blackwell, *Introductory Mycology*, 4th edn (New York, 1996), p. 276.

11   B. Cordell and J. McCarthy, 'A Case Study of Gut Fermentation Syndrome (Auto-brewery) with Saccharomyces Cerevisiae as the Causative Organism', *International Journal of Clinical Medicine*, iv/7 (2013), pp. 309–12.

12   해럴드 맥기, 『음식과 요리: 세상 모든 음식에 대한 과학적 지식과 요리의 비결』, 이희건 옮김, 이데아, 2017.

13   John S. Marchant, Bryan G. Reuben and Joan P. Alcock, *Bread: A Slice of History* (Stroud, 2010), pp. 19–20.

14   위의 책, p. 20.

15   하인리히 에두아르트 야콥, 『육천 년 빵의 역사』, 곽명단, 임지원 옮김, 우물이있는집, 2019.

16   Marchant, Reuben and Alcock, *Bread*, pp. 26–7.

17   Jacob, *Six Thousand Years of Bread*, p. 77.

18   위의 책, pp. 124–5.

19   Marchant, Reuben and Alcock, *Bread*, pp. 32–3.

20   Jacob, *Six Thousand Years of Bread*, p. 136.

21   위의 책, p. 138.

22   위의 책, pp. 137–8.

23   다음을 인용했다. Elizabeth David, *English Bread and Yeast Cookery* (New York, 1980), pp. 181–2.

24   Emil Braun, *The Baker's Book: A Practical Hand Book of All the Baking Industries in All Countries*, 2 vols (New York, 1903), vol. ii, pp. 556–7.

25   R. Sankaran, 'Fermented Foods of the Indian Subcontinent', in *Microbiology of Fermented Foods*, 2 vols, 2nd edn, ed. Brian J. B. Wood (London, 1998), vol. ii, pp. 765–8.

26   S. A. Odunfa and O. B. Oyewole, 'African Fermented Foods', in *Microbiology of Fermented Foods*, ed. Wood, vol. ii, pp. 723–4.

27 Civitello, *Baking Powder Wars*, p. 6.

28 위의 책, p. 20.

29 위의 책.

30 위의 책, p. 29.

31 데이비드 그레이버, 『불쉿 잡: 왜 무의미한 일자리가 계속 유지되는가』, 김병화 옮김, 민음사, 2021.

32 Braun, *Baker's Book*, p. 562.

33 McGee, *On Food and Cooking*, p. 281.

34 William A. Alcott, George W. Light and Benjamin Bradley, *The Young House-keeper, or Thoughts on Food and Cookery* (Boston, MA, 1838), p. 130.

35 McGee, *On Food and Cooking*, p. 281.

36 Isabella Beeton, *Mrs Beeton's Household Management* (Ware, 2006), p. 784.

37 Civitello, *Baking Powder Wars*, p. 57.

38 Marchant, Reuben and Alcock, *Bread*, p. 70.

39 위의 책, pp. 112–13.

40 위의 책, pp. 139–40.

41 David, *English Bread and Yeast Cookery*, p. 195.

42 Siegfried Giedion, *Mechanization Takes Command: A Contribution to Anonymous History* (New York, 1955), pp. 196–8.

43 위의 책, p. 201.

44 Civitello, *Baking Powder Wars*, p. 30.

45 K. Katina et al., 'Potential of Sourdough for Healthier Cereal Products', *Trends in Food Science and Technology*, xvi/1–3 (2005), pp. 104–12.

46 Raffaella Di Cagno et al., 'Sourdough Bread Made from Wheat and Nontoxic Flours and Started with Selected Lactobacilli Is Tolerated in Celiac Sprue Patients', *Applied and Environmental Microbiology*, lxx/2 (2004), p. 1088.

4. 두 얼굴의 곰팡이: 양치기의 동굴 치즈와 감자 기근

1   Clyde M. Christensen, The Molds and Man: *An Introduction to the Fungi, 3rd edn* (Minneapolis, MN, 1965), p. 5.

2   위의 책, p. 186.

3   Michael Tunick, *The Science of Cheese* (New York, 2014), p. 109.

4   George W. Hudler, *Magical Mushrooms, Mischievous Molds* (Princeton, NJ, 2000), pp. 139–40.

5   William Shurtleff and Akiko Aoyagi, *History of Koji – Grains and/or Soybeans Enrobed with a Mold Culture* (300 bce to 2012): Extensively Annotated Bibliography and Sourcebook (Lafayette, CA, 2012), pp. 5–6.

6   위의 책, pp. 8–9.

7   Thomas J. Montville and Karl R. Matthews, *Food Microbiology: An Introduction* (Washington, DC, 2005), p. 279.

8   위의 책, pp. 278–9.

9   J. W. Bennett and M. Klich, 'Mycotoxins', *Clinical Microbiology Reviews*, xvi/3 (2003), pp. 497–516.

10 Stuart Hogg, *Essential Microbiology*, 2nd edn (Chichester, 2013), p. 203.

11 Hudler, *Magical Mushrooms, Mischievous Molds*, p. 19.

12 M. L. Smith, J. N. Bruhn and J. A. Anderson, 'The Fungus *Armillaria Bulbosa* Is among the Largest and Oldest Living Organisms', Nature, ccclvi/6368 (1992), pp. 428–31.

13 Vincent S.F.T. Merckx, ed., *Mycoheterotrophy: The Biology of Plants Living on Fungi* (New York, 2013), p. v.

14 Thomas N. Taylor, Michael Krings and Edith L. Taylor, *Fossil Fungi* (London, 2015), p. 1.

15 Hudler, *Magical Mushrooms, Mischievous Molds*, pp. 217–19.

16 Christensen, *Molds and Man*, p. 51.

17 Hogg, *Essential Microbiology*, p. 205.

18 위의 책.

19 Hudler, *Magical Mushrooms*, p. 16.

20 Nicholas P. Money, *The Triumph of the Fungi: A Rotten History*

(New York, 2007), pp. 121–7.

21   위의 책 인용, p. 126.

22   위의 책, p. 127.

23   Miles Joseph Berkeley, 'Observations, Botanical and Physiologi-
      cal, on the Potato Murrain', *Journal of the Horticultural Society of
      London, 2 vols* (London, 1846), vol. i, pp. 23–4.

24   위의 책, p. 24.

25   Money, *Triumph of the Fungi*, p. 120.

26   Robert Thatcher Rolfe and F. W. Rolfe, *The Romance of the Fun-
      gus World: An Account of Fungus Life in Its Numerous Guises, Both
      Real and Legendary* (London, 1925), p. 93.

27   Eden Phillpotts, *Children of the Mist* (New York, 1898), pp.
      439–40.

28   다음을 인용했다. G. C. Ainsworth, *Introduction to the History of
      Mycology* (New York, 1976), p. 13.

29   위의 책 인용, p. 12.

30   Frank Dugan, *Fungi in the Ancient World: How Mushrooms, Mil-
      dews, Molds, and Yeast Shaped the Early Civilizations of Europe, the
      Mediterranean, and the Near East* (St Paul, MN, 2008), pp. 84–5.

31   다음을 인용했다. William Houghton, 'Notices of Fungi in
      Greek and Latin Authors', *Annals and Magazine of Natural Histo-
      ry*, xv/5 (1885), p. 26.

32   위의 책 인용, p. 27.

33   위의 책 인용.

34   위의 책 인용, p. 28.

35   위의 책 인용.

36   Ainsworth, *History of Mycology*, p. 183.

37   위의 책.

38   Dugan, *Fungi in the Ancient World*, p. 58.

39   위의 책, p. 103.

40   Ainsworth, *History of Mycology*, p. 140.

41   R. C. Cooke, *Fungi, Man and His Environment* (London, 1997),
      pp. 106–8.

42   위의 책, p. 106.

43   위의 책, p. 108.

44   위의 책 인용 Ainsworth, *History of Mycology*, p. 15.

45   위의 책 인용, p. 58.

46   위의 책 인용, p. 15.

47   위의 책 인용, pp. 164–5.

48   위의 책 인용, p. 166.

49   위의 책.

50   위의 책, p. 170.

51   위의 책, pp. 270–71.

52   Carol Pineda et al., 'Maternal Sepsis, Chorioamnionitis, and Congenital *Candida Kefyr* Infection in Premature Twins', *Pediatric Infectious Disease Journal*, xxxi/3 (2012), pp. 320–22.

53   Marianne Martinello et al., '"We Are What We Eat!" Invasive Intestinal Mucormycosis: A Case Report and Review of the Literature', *Medical Mycology Case Reports*, i/1 (2012), pp. 52–5.

5. 일상의 기적: 사워크라우트, 김치

1   Henry Mayhew, *German Life and Manners as Seen in Saxony at the Present Day*, 2 vols (London, 1864), vol. i, p. 174.

2   James Cook, *Captain Cook's Voyages round the World*, ed. M. B. Synge (London, 1900), p. 32.

3   Stephen K. Brown, *Scurvy: How a Surgeon, a Mariner, and a Gentleman Solve the Greatest Medical Mystery of the Age of Sail* (New York, 2003), pp. 17–18.

4   John R. Hale, *Age of Exploration* (New York, 1974), p. 83.

5   Elena Molokhovets, *Classic Russian Cooking: Elena Molokhovets' A Gift to Young Housewives, trans. Joyce Toomre* (Bloomington, IN, 1992), p. 16.

6   Wilhelm Holzapfel and Brian J. B. Wood, *Lactic Acid Bacteria: Biodiversity and Taxonomy* (Hoboken, NJ, 2014), pp. 44–6.

7   위의 책.

8   Cornell University Milk Quality Improvement Program, 'Lac-

tic Acid Bacteria—Homofermentative and Heterofermentative', *Dairy Food Science Notes* (October 2008), p. 1.

9   위의 책.

10   Edward Farnworth, ed., *Handbook of Fermented Functional Foods* (Boca Raton, FL, 2003), pp. 349−50.

11   Lanming Chen, 'Diversity of Lactic Acid Bacteria in Chinese Traditional Fermented Foods', in *Beneficial Microbes in Fermented and Functional Foods*, ed. V. Ravishankar Rai and Jamuna A. Bai (Boca Raton, fl, 2015), pp. 3−14.

12   Jyoti Prakash Tamang and Kasipathy Kailasapathy, eds, *Fermented Foods and Beverages of the World* (Boca Raton, FL, 2010), p. 8.

13   Charles W. Bamforth and Robert E. Ward, eds, *The Oxford Handbook of Food Fermentations* (New York, 2014), p. 423.

14   Tamang and Kailasapathy, *Fermented Foods and Beverages*, p. 10.

15   위의 책, p. 9.

16   윤숙자, 『굿모닝 김치!』, 한림출판사, 2006.

17   Tamang and Kailasapathy, *Fermented Foods and Beverages*, pp. 166−7.

18   Bamforth and Ward, *Oxford Handbook of Food Fermentations*, pp. 425−6.

19   위의 책, p. 427.

20   위의 책, pp. 431−2.

21   치누아 아체베, 『모든 것이 산산이 부서지다』, 조규형 옮김, 민음사, 2008.

22   Keith Steinkraus, ed., *Handbook of Indigenous Fermented Foods, 2nd edn* (New York, 1996), pp. 358−9.

23   Harvey A. Levenstein, *Revolution at the Table: The Transformation of the American Diet* (New York, 1988), p. 37.

24   위의 책, p. 36.

25   Thomas S. Blair, *Public Hygiene*, 2 vols (Boston, MA, 1911), vol. ii, p. 457.

26   Mary B. Hughes, Everywoman's Canning Book: The abc of Safe Home Canning and Preserving by the Cold Pack Method (Boston,

MA, 1918), p. 4.

6. 마법을 부리는 미생물: 치즈, 요구르트, 메치니코프

1 Don Marquis, *The Best of Archy and Mehitabel*, ed. George Herriman (New York, 2011), p. 151.

2 Deborah M. Valenze, *Milk: A Local and Global History* (New Haven, CT, 2011), pp. 212–13.

3 Ana Lúcia Barretto Penna et al., 'Overview of the Functional Lactic Acid Bacteria in Fermented Milk Products', in *Beneficial Microbes in Fermented and Functional Foods*, ed. V. Ravishankar Rai and Jamuna A. Bai (Boca Raton, FL, 2015), pp. 113–48.

4 Julie Dunne et al., 'First Dairying in Green Saharan Africa in the Fifth Millennium bc', Nature, cdlxxxvi/7403 (2012), pp. 390–94.

5 Frederick J. Simoons, 'The Antiquity of Dairying in Asia and Africa', *Geographical Review*, lxi/3 (1971), pp. 431–9.

6 Andrea S. Wiley, *Cultures of Milk* (Cambridge, MA, 2014), p. 57.

7 위의 책, p. 58.

8 위의 책, p. 30.

9 Mélanie Salque et al., 'Earliest Evidence for Cheese Making in the Sixth Millennium bc in Northern Europe', *Nature*, cdxciii/7433 (2013), pp. 522–5.

10 Catherine Donnelly, ed., *The Oxford Companion to Cheese* (New York, 2016), p. 247.

11 Traci Watson, 'Great Gouda! World's Oldest Cheese Found–on Mummies', *USA Today*, 25 February 2014, www.usatoday.com.

12 Aristotle, 'Generation of Animals', in *Complete Works of Aristotle*, ed. Jonathan Barnes, 2 vols (Princeton, NJ, 1984), vol. i, pp. 1111–218.

13 호메로스, 『오디세이아』.

14 L. Junius Moderatus Columella, *Of Husbandry* (London, 1745), pp. 324–5.

15   Pliny the Elder, *The Natural History of Pliny*, trans. John Bostock and H. T. Riley, 6 vols (London, 1855), vol. iii, p. 85.

16   Valenze, *Milk*, p. 26.

17   위의 책, pp. 51-2.

18   위의 책, pp. 83-5.

19   위의 책, p. 92.

20   John Ray, *Travels through the Low-Countries: Germany, Italy and France*, 2 vols (London, 1738), vol. i, p. 44.

21   Valenze, *Milk*, p. 89.

22   Donnelly, *Oxford Companion to Cheese*, p. 723.

23   Robert Hooke, *Micrographia, or, Some Physiological Descriptions of Minute Bodies Made by Magnifying Glasses, with Observations and Inquiries Thereupon* (Lincolnwood, IL, 1987), p. 125.

24   Juliet Harbutt, ed., *World Cheese Book* (London, 2009), p. 7.

25   폴 S. 킨드스테트, 『치즈 책: 인류의 조상에서 치즈 장인까지 치즈에 관한 모든 것』, 정향 옮김, 글항아리, 2020.

26   위의 책, pp. 206-7.

27   위의 책, p. 209.

28   위의 책, pp. 206-7.

29   Charles Thom and Walter W. Fisk, *The Book of Cheese* (New York, 1918), pp. 2-3.

30   Kenneth B. Raper, 'Charles Thom 1872-1956', *Journal of Bacteriology*, lxxiv/6 (1956), pp. 725-7.

31   Desmond K. O'Toole, 'The Origin of Single Strain Starter Culture Usage for Commercial Cheddar Cheesemaking', *International Journal of Dairy Technology*, lvii/1 (2004), pp. 53-5.

32   클로테르 라파이유, 『컬처 코드: 세상의 모든 인간과 비즈니스를 여는 열쇠』, 김상철·김정수 옮김, 리더스북, 2007.

33   Nicholas P. Money, *The Rise of Yeast: How the Sugar Fungus Shaped Civilization* (New York, 2018), p. 162.

34   Élie Metchnikoff, *The Prolongation of Life: Optimistic Studies*, ed. P. Chalmers Mitchell (New York, 1908), p. 165.

35   Patrice Debré, *Louis Pasteur*, trans. Elborg Forster (Baltimore, MD, 1998), pp. 99-100.

36   위의 책, p. 99.

37   Wilhelm Holzapfel and Brian J. B. Wood, *Lactic Acid Bacteria: Biodiversity and Taxonomy* (Hoboken, NJ, 2014), pp. 7−8.

38   Metchnikoff, *Prolongation of Life*, p. 166.

39   위의 책, p. 176.

40   위의 책, p. 171.

41   에벌린 위, 『한 줌의 먼지』, 안진환 옮김, 민음사, 2010.

42   Gabrichidze Manana, '"In Soviet Georgia"−the Story Behind the Cult Yogurt Ad', *Georgian Journal*, 18 April 2015, www.georgianjournal.ge.

43   위의 책.

44   Transparency Market Research, 'Kefir Market: Kefir's Ability to Boost Immunity, Bone Strength, and Digestion Leads to Its Sales', 21 August 2018, www.openPR.com.

7. 맛있지만 위험한: 소시지와 발효육

1   Émile Zola, *The Fat and the Thin*, trans. Ernest Alfred Vizetelly (New York, 2005), p. 49.

2   Waverley Root, *Food: An Authoritative, Visual History and Dictionary of the Foods of the World* (New York, 1980), p. 479.

3   Ruth Blasco et al., 'Bone Marrow Storage and Delayed Consumption at Middle Pleistocene Qesem Cave, Israel (420 to 200 ka)', *Science Advances*, v/10 (2019), pp. 1−12.

4   G. Campbell−Platt and P. E. Cook. *Fermented Meats* (Boston, MA, 1995), p. 53.

5   Homer, *The Odyssey*, trans. George Herbert Palmer (Boston, MA, 1921), pp. 310−11.

6   Campbell−Platt and Cook, *Fermented Meats*, p. 15.

7   위의 책, p. 147.

8   Fidel Toldrá, ed., *Handbook of Fermented Meat and Poultry*, 2nd edn (Hoboken, NJ, 2014), p. 13.

9   위의 책, p. 373.

10   Joan P. Alcock, 'Fundolus or Botulus: Sausages in the Classical World', in *Cured, Fermented and Smoked Foods: Proceedings of the Oxford Symposium on Food and Cookery* 2010, ed. Helen Saberi (Totnes, 2011), pp. 44−5.

11   위의 책 인용, p. 40.

12   위의 책, pp. 43−4.

13   Toldrá, *Fermented Meat and Poultry*, p. 371.

14   위의 책, p. 373.

15   위의 책, p. 374.

16   Jyoti Prakash Tamang and Kasipathy Kailasapathy, eds, *Fermented Foods and Beverages of the World* (Boca Raton, FL, 2010), pp. 294−5.

17   위의 책, p. 294.

18   Kofi Manso Essuman, *Fermented Fish in Africa: A Study on Processing, Marketing and Consumption* (Rome, 1993), pp. 29−30.

19   Donald Emmeluth, *Botulism*, 2nd edn (New York, 2010), pp. 16−17.

20   Alexander Wynter Blyth, Poisons, *Their Effects and Detection: A Manual for the Use of Analytical Chemists and Experts* (London, 1884), pp. 476−7.

21   위의 책, p. 477.

22   Alexander Wynter Blyth, Poisons, *Their Effects and Detection: A Manual for the Use of Analytical Chemists and Experts*, 3rd edn (London, 1895), p. 508.

23   George Vivian Poore, *A Treatise on Medical Jurisprudence* (London, 1901), pp. 227−8.

24   업턴 싱클레어, 『정글』, 채광석 옮김, 페이퍼로드, 2009.

25   위의 책, pp. 161−2.

26   위의 책, p. 162.

27   *Secrets of Meat Curing and Sausage Making*, 5th edn (Chicago, IL, 1922), p. 19.

28   Robert W. Hutkins, *Microbiology and Technology of Fermented Foods* (Ames, IA, 2006), pp. 212−13.

29   위의 책, p. 218.

8. 영양에 대한 새로운 접근: 발효 식품의 현재와 미래

1   Ruth Reichl, 'Michael Pollan and Ruth Reichl Hash out the Food Revolution', *Smithsonian*, June 2013, www.smithsonian-mag.com.

2   Jyoti Prakash Tamang, *Health Benefits of Fermented Foods and Beverages* (Hoboken, nj, 2015), pp. 198–9.

3   Justin Sonnenburg and Erica Sonnenburg, *The Good Gut: Taking Control of Your Weight, Your Mood, and Your Long-term Health* (New York, 2015), p. 5.

4   Tamang, *Health Benefits*, p. 199.

5   위의 책.

6   위의 책, pp. 199–200.

7   위의 책, p. 201.

8   위의 책, p. 202.

9   위의 책, pp. 202–3.

10   위의 책, p. 208.

11   위의 책, pp. 205–7.

12   Jeff Leach, 'Going Feral: My One-year Journey to Acquire the Healthiest Gut Microbiome in the World (You Heard Me!)', 19 January 2014, http://humanfoodproject.com.

13   Tamang, *Health Benefits*, pp. 237–9.

14   Research and Markets, 'Probiotics Market Analysis to Reach $66 Billion by 2024–Growing Preference for Functional Foods to Curb Health Disorders', 28 November 2016, www.business-wire.com.

15   Kamila Leite Rodrigues et al., 'A Novel Beer Fermented by Kefir Enhances Anti-inflammatory and Anti-ulcerogenic Activities Found Isolated in Its Constituents', *Journal of Functional Foods*, xxi (2016), pp. 58–69.

16   Mike Pomranz, 'Probiotic Beer Is Here to Help Your Gut (If Not Your Liver)', *Food & Wine*, 29 June 2017, www.foodandwine.com.

17   Claudio De Simone, 'The Unregulated Probiotic Market', *Clinical Gastroenterology and Hepatology*, xvii/5 (2019), pp. 809–17.

18   위의 책, pp. 811−13.

19   Victoria Allen, 'Why Probiotic Yoghurt May Be Pointless for Half of Us', *Daily Mail*, 7 September 2018, www.dailymail.co.uk.

20   S. S. Deshpande et al., *Fermented Grain Legumes, Seeds and Nuts: A Global Perspective* (Rome, 2000), pp. 10−11.

21   Mike Battcock and Sue Azam-Ali, *Fermented Fruits and Vegetables:A Global Perspective* (Delhi, 1998), pp. 39−40.

22   Sonnenburg and Sonnenburg, *Good Gut*, p. 165.

23   Battcock and Azam-Ali, *Fermented Fruits and Vegetables*, pp. 69−70.

24   R. Sankaran, 'Fermented Foods of the Indian Subcontinent', in *Microbiology of Fermented Foods*, 2 vols, 2nd edn, ed. Brian J. B. Wood (Boston, MA, 1998), vol. ii, pp. 780−81.

25   Battcock and Azam-Ali, *Fermented Fruits and Vegetable*s, pp. 72−3.

26   위의 책, p. 9.

발효 음식의 과학

인류를 구한 미생물의 놀라운 역사

초판 인쇄 2023년 10월 23일
초판 발행 2023년 11월 1일

지은이 크리스틴 바움가르투버
옮긴이 정혜윤

기획·책임편집 구민정 편집 임혜지 박신양
디자인 이보람 저작권 박지영 형소진 최은진 서연주 오서영
마케팅 정민호 서지화 한민아 이민경 안남영 왕지경 황승현 김혜원 김하연 김예진
브랜딩 함유지 함근아 고보미 박민재 김희숙 박다솔 조다현 정승민 배진성
제작 강신은 김동욱 이순호 제작처 더블비(인쇄) 천광인쇄사(제본)

펴낸곳 (주)문학동네 펴낸이 김소영
출판등록 1993년 10월 22일 제2003-000045호
주소 10881 경기도 파주시 회동길 210
전자우편 editor@munhak.com 대표전화 031) 955-8888 팩스 031) 955-8855
문의전화 031) 955-3579(마케팅) 031) 955-2671(편집)
문학동네 카페 http://cafe.naver.com/mhdn
인스타그램 @munhakdongne 트위터 @munhakdongne
북클럽문학동네 http://bookclubmunhak.com

ISBN 978-89-546-9582-4 03590

www.munhak.com